AF568564

C-5 GALAXY

Wolfgang Borgmann

Einbandgestaltung: Joachim Schreiber

ISBN 978-3-613-04463-0

1. Auflage 2022

Sie finden uns im Internet unter
www.motorbuch.de

Innengestaltung: Günther Nord, 69434 Heddesbach
Druck: Graspo CZ, 76302 Zlin
Printed in Czech Republic

Inhalt

Kurz vor ihrem Abflug ins afghanische Bagram wurde diese C-5 am 28. Dezember 2015 auf der kalifornischen Travis Air Force Base aufgenommen. (U.S. Air Force Foto von Tech. Sgt. Robert Cloys)

Einleitung

Lockheed C-5 Galaxy

Die einst Größte der Galaxis

Als das amerikanische Verteidigungsministerium im Oktober 1965 verkündete, dass die Lockheed Aircraft Company den Zuschlag für den Bau des neuen Großraumfrachters der U.S. Air Force erhalten würde war dies für viele Branchenbeobachter eine Überraschung. Galt doch Boeing mit seinem Entwurf bis dahin als klarer Favorit der technischen Bewertungskommission, die jedoch vom damaligen US-Verteidigungsminister Robert McNamara aus Kostengründen überstimmt wurde – Lockheed hatte einfach das günstigere Angebot abgegeben. Neben Boeing und Lockheed hatten sich auch die Douglas-Flugzeugwerke, General Dynamics und Martin Marietta mit eigenen Entwürfen an der Ausschreibung beteiligt, von denen jedoch nur jene von Boeing und Lockheed in die engere Wahl kamen. Auch die Triebwerke des von der U.S. Air Force C-5 Galaxy – zu deutsch »Galaxis« – genannten Flugzeugmusters mussten völlig neu entwickelt werden, da bis dahin keine ausreichend leistungsfähigen Motoren für einen viermotorigen Jet mit über 120 Tonnen Nutzlast verfügbar waren. In diesem Wettbewerb der besseren Ideen und niedrigsten Kosten setzte sich schließlich General Electric mit seinem TF39 gegen Pratt & Whitney als stärkstem Konkurrenten durch.

Lockheed-Georgia Co. lieferte die erste einsatzfähige C-5A im Juni 1970 an den auf der Charleston Air Force Base im US-Bundesstaat South Carolina stationierten 437th Airlift Wing aus. Doch schon bald geriet das von Lockheed hausintern unter der Bezeichnung L-500 geführte Programm für den Flugzeughersteller zum technologischen und finanziellen Desaster, da es von Kostenüberschreitungen und konstruktiven Mängeln überschattet war. Diese ließen sich erst mit der Neukonstruktion der Tragflächen und deren Austausch bei allen C-5A der ersten Generation beheben. Auch blieb der erhoffte Erfolg auf dem zivilen Markt aus, denn keine Fluggesellschaft konnte sich für den Kauf des angebotenen Großraumfrachters erwärmen. Die konstruktiven Probleme mit den C-5A hielten die US-Regierung jedoch nicht davon ab, nach den 81 Flugzeugen des ersten Loses noch 50 weitere modifizierte C-5B zu bestellen, die zwischen 1986 und 1989 an die amerikanische Luftwaffe ausgeliefert wurden. Speziell für den Transport von Raketenteilen sowie Baugruppen der internationalen Raumstation ISS wurden zwei C-5A der ersten Generation zu C-5C genannten Frachtern mit einem großvolumigeren Frachtraum umgerüstet. Der erforderliche Platz wurde über den Ausbau der ursprünglich hinter den Flügeln liegenden Passagierkabine sowie einer Anpassung der Heckrampe geschaffen. Die bislang fortschrittlichste Version trägt die Bezeichnung C-5M Super Galaxy und entstand durch die Umrüstung von 52 C-5 (A/B/C) zwischen den Jahren 2004 und 2018. Im Fokus dieser Modernisierung lag der Austausch der vier alten Triebwerke durch General Electric F138-GE-100, die wie die zivile CF6-Modellreihe auf dem TF39 als erstem Mantelstromtriebwerk der Welt mit hohem Nebenstromverhältnis basieren. Das mit dem zivilen CF6-80C2-L1F vergleichbare F138 ist im Vergleich zum Vorgänger-Modell um 22 Prozent leistungsstärker, verkürzt dadurch die Rollstrecke beim Start um 33 Prozent, verbessert die Steigrate um 58 Prozent und ermöglicht es mehr Nutzlast über eine größere Reichweite zu transportieren. Neben den neuen Triebwerken wurden die C-5M auch mit einer moderneren Avionik sowie einem zeitgemäßen Glascockpit mit Bildschirmanzeigen der primären Fluginstrumente nachgerüstet. Neu ist auch ein technisches Diagnose-System, das Daten von 7.000 im Flugzeug verteilten Sensoren empfängt und so dem Wartungspersonal den aktuellen technischen Zustand der C-5M auf einen Knopfdruck vermittelt, was die Zeit für erforderliche Wartungs- und Reparaturarbeiten erheblich reduziert. Parallel zur Modernisierung der Teilflotte zu C-5M wurden die übrigen C-5A von der amerikanischen Luftwaffe bis 2017 ausgemustert. Zwischen ihrem Erstflug am 30. Juni 1968 und jenem der damals sowjetischen, heute ukrainischen, Antonow An-124 im Dezember 1982, war die Galaxy das größte in Serie gebaute Flugzeug der Welt – wurde von der Ruslan jedoch in punkto maximaler Nutzlast, maximalem Startgewicht und Spannweite übertroffen.

Dieses Buch stellt die Galaxy im Detail vor und erzählt die Geschichte dieses einst größten Transportflugzeugs der Welt.

Wolfgang Borgmann
Oerlinghausen, im Sommer 2022

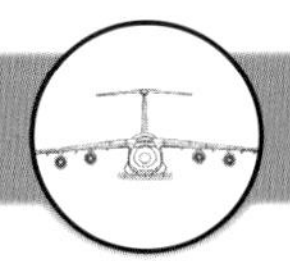

Die primäre Funktion der C-5 ist der Transport großer Frachtmengen. Dabei macht die Galaxy aber auch noch eine gute Figur. (U.S. Air Force Foto von Sue Sapp)

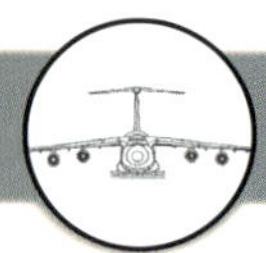

Das Lockheed C-5-Emblem ziert den Steuerknüppel jener C-5A, die 1973 als erste fabrikneue Galaxy der Dover AFB, Delaware, zugewiesen wurde. Am 20. Oktober 2013 wurde sie in das Air Mobility Command-Museum überführt und war damit die erste C-5, die in ein Museum ausgemustert wurde. (Air Mobility Command Museum)

Oberleutnant Meaghan Cosand, Pilotin der C-5B Galaxy bei der 312th Airlift Squadron, startet die Triebwerke in Vorbereitung auf den Flug vom Luftwaffenstützpunkt Kadena in Japan am 15. August 2014. Cosand flog eine Mission, bei der Fracht und Passagiere mit hoher Priorität zwischen den Luftwaffenstützpunkten im Zuständigkeitsbereich des U.S. Pacific Command transportiert wurden. (U.S. Air Force Foto von Lt. Col. Robert Couse-Baker/Released)

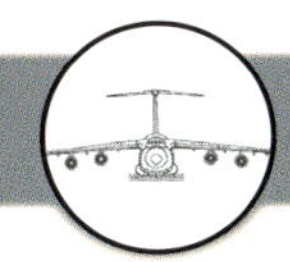

Wer hat die schönste Nase? Die historische Douglas C-47 »Skytrain« des Frankfurter Luftbrückendenkmals oder die neben ihr geparkte Lockheed C-5 Galaxy buhlen um den Titel. (Sammlung Dr. John Provan)

Bis zur Einführung der Antonow AN-124 hatte die Lockheed C-5 die größte Klappe. Auf dieser Aufnahme werden Fahrzeuge der U.S. Air Force Reserve, Military Airlift Command entladen, die der Operation Desert Shield zugeordnet sind. (US. Air Force)

Die letzten Meter bis zur Parkposition wird die Galaxy-Crew von einer Einwinkerin der U.S. Air Force Rhein/Main-Base gelotst. (Sammlung Dr. John Provan)

Ohne Handarbeit und Augenmaß ist das Manövrieren mit einem Großfrachter wie der Galaxy kaum möglich. (Lockheed Martin, Code One)

Galaxies so weit das Auge reicht. (U.S. Air Force)

AMC
DOVER
50002
AMC
DOVER
60025
U.S. AIR FORCE
6025

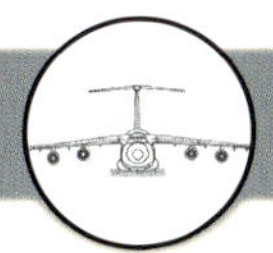

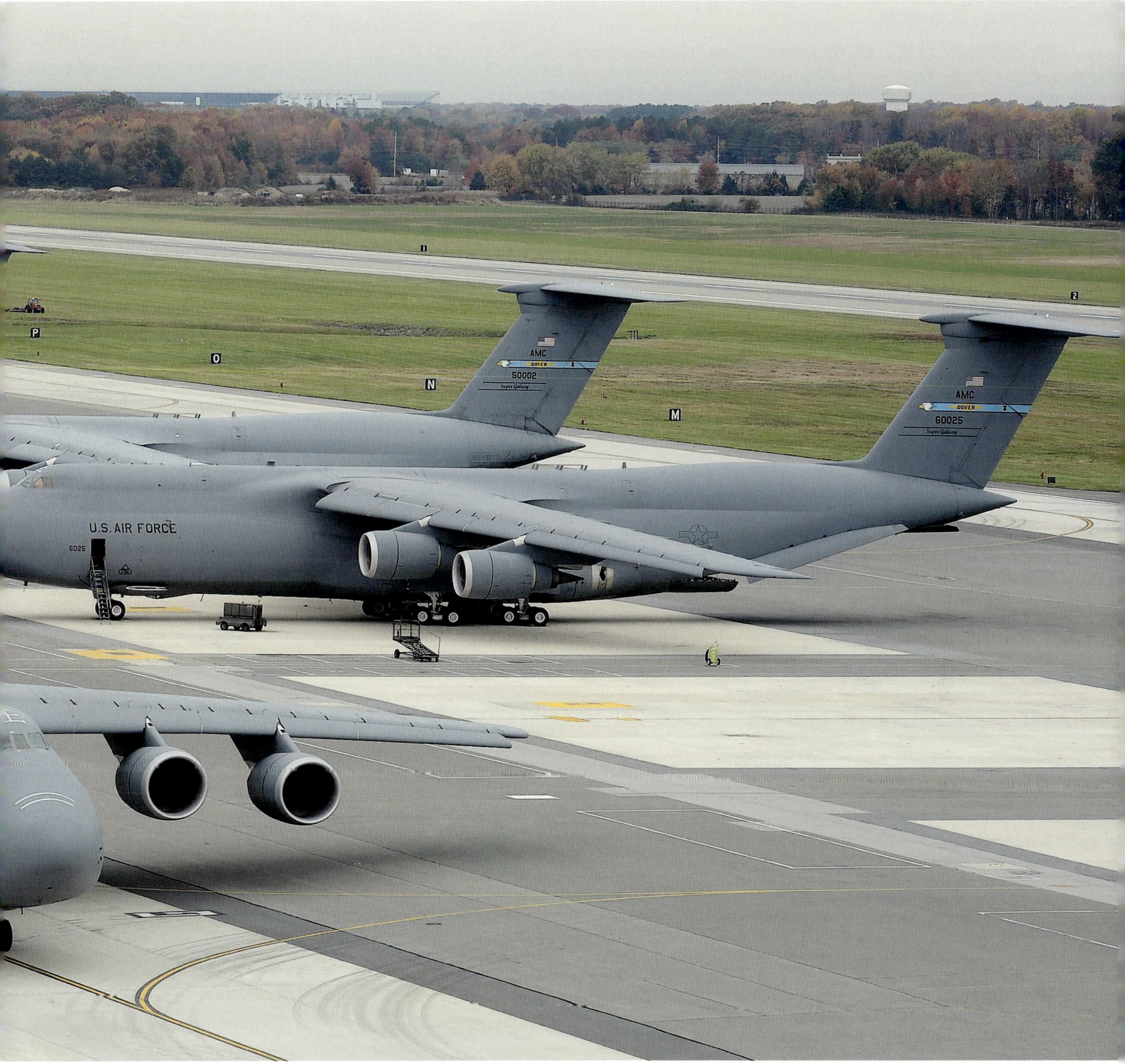

Die 69-0014 des Air Mobility Command Museum war die erste fabrikneue C-5A, die der Dover AFB, Delaware, zugewiesen wurde. (Air Mobility Command Museum)

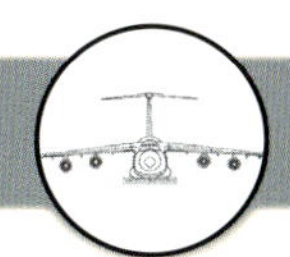

Hitzewellen schimmern hinter einer C-5M Super Galaxy des 436th Airlift Wing, als eine Besatzung der 9. Lufttransportstaffel am 4. November 2013 auf der Dover Air Force Base ein Training für Luftfahrzeugbesatzungen durchführt. Die C-5M ist die modernisierte Version der ehrwürdigen und altgedienten C-5 Galaxy. (U.S. Air Force Foto: Greg L. Davis/Released)

C-5 Galaxy und andere Flugzeuge der U.S. Air Force stehen bei Sonnenuntergang auf dem Gelände der 309th Aerospace Maintenance and Regeneration Group (ARMARG), die oft als Flugzeugfriedhof bezeichnet wird, auf der Davis-Monthan Air Force Base, Arizona. Die Aufnahme entstand am 26. September 2012. Die 309th AMARG ist ein Flugzeug- und Raketenlager sowie eine Wartungseinrichtung der Air Force in Tucson. (U.S. Air Force Foto von Val Gempis)

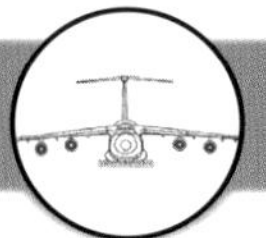

Eine Douglas C-124 Globemaster und eine Lockheed C-130 Hercules warten in Berlin-Tempelhof auf ihre Startfreigabe. (Sammlung Dr. John Provan)

Bescheidene Anfänge

Die ersten Jahre von Lockheed und Martin

» ICH SEHE KEINEN SINN DARIN, ALLES WEGZUWERFEN WAS MAN HAT, INDEM MAN MIT DIESEN FLUGMASCHINEN HERUMSPIELT. «

CLARENCE MARTIN,
VATER DES MARTIN-UNTERNEHMENSGRÜNDERS
GLENN MARTIN

Die ersten Hüpfer

Nach dem ersten Motorflug der Gebrüder Wright im Dezember 1903 waren Mechaniker, Tüftler und Erfinder auf der ganzen Welt am Start, um sich mit eigenen Entwürfen zu versuchen.

Während in Europa das Flugfieber bereits in vollem Gange war, hinkten die USA noch hinterher. Zu den wenigen Wagemutigen zählten Allan und Malcolm Loughead und Glenn L. Martin. Diese Luftfahrtpioniere gingen immer wieder gemeinsame und getrennte Wege, bis, lange nach ihrem Tod, die Lockheed Aircraft Corporation und Martin Marietta Corporation im März 1995 endgültig zur heutigen Lockheed Martin Corporation verschmolzen.

Fichtenholz, Bambus, Baumwolle, Leim. Das waren die »High-Tech«-Materialien von 1909, die Werkzeuge eines Tüftlers. Am Ende eines jeden Tages schloss der 23-jährige Glenn Luther Martin sein Autohaus und schleppte sie zu einer gemieteten Methodistenkirche, die nur anderthalb Blocks entfernt lag. Der sakrale Raum ermöglichte nicht nur Glenn Martin den Menschheitstraum des Fliegens, sondern war auch die primitive Geburtsstätte des heutigen Luft- und Raumfahrt-Weltkonzerns.

Fast zeitgleich kletterte 1910 in Chicago der 21-jährige Allan Haines Loughead in ein windiges Gestell, das aus einer Ansammlung von Holz, Stoff, Kabeln, Klebstoff, Fahrradrädern und einem 30-PS-Motor bestand. Er hatte noch nie ein Flugzeug geflogen, aber er wettete mit seinen Kollegen darum, dass er der erste sein würde, der ihren Curtiss-Doppeldecker zum Fliegen bringt. Niemand nahm die Wette an, doch Loughead schwang sich in die Lüfte und schaffte es die Maschine nach Vollendung eines Kreises wieder ohne Bruch auf den Boden zurück zu bringen. »Es war teils Mut, teils Zuversicht und teils verdammte Dummheit«, sagte er Jahre später selbst über dieses erste Flugabenteuer. Doch nur Flieger zu sein reichte Loughead nicht. Er wollte selbst Flugzeuge entwickeln und zog dafür mit seinem Bruder Malcolm nach San Francisco.

» DAS FLUGZEUG WIRD DIE LAND- UND WASSERFAHRT ÜBERNEHMEN. «

ALLAN LOUGHEAD IM JAHR 1910

Nachdem Orville Wright am 17. Dezember 1903 am Steuer des Wright Flyer auf den Sanddünen von Kill Devil Hills in North Carolina der erste Motorflug der Welt geglückt war, verbesserten die Wrights ihre Erfindung, doch hielten andere Forscher im In- und Ausland Schritt. Im Jahr 1906 gelang dem in Brasilien geborenen Alberto Santos-Dumont der erste offiziell anerkannte Flug in Europa. Im Jahr darauf flog der Franzose Louis Blériot mit seinem Eindecker Blériot VII 500 Meter weit. Im Jahr 1908 gelang dem Franzosen Henri Farman der erste ein Kilometer-Rundflug in Europa und später im selben Jahr ein 17-Meilen-Flug über Frankreich. Zurück in den Vereinigten Staaten stellte Glenn Hammond Curtiss mit dem von Alexander Graham Bell unterstützten June Bug eigene Rekorde auf. Da das Fliegen nun praktisch, wenn auch immer noch äußerst riskant war, war das globale Rennen um größere, schnellere, höher und weiter fliegende Maschinen eröffnet.

DER TRAUM VOM BEMANNTEN FLUG WAR WIRKLICHKEIT GEWORDEN

Angesichts der zunehmenden Konkurrenz durch europäische und amerikanische Pioniere verstärkten die Gebrüder Wright ihre Bemühungen, zahlende Kunden für ihre Flugmaschinen zu finden. Ein französisches Geschäftskonsortium und das U.S. Army Signal Corps zeigten früh Interesse und baten um öffentliche Vorführungen. Trotz anfänglicher Unglücke brach sich die Begeisterung von Militär, Wirtschaft und Bevölkerung für Flugmaschinen ihre Bahn. Im Juli 1909 überquerte Louis Blériot als erster Mensch den Ärmelkanal mit einem Flugzeug. Der Eindecker Blériot XI legte die 22 Meilen lange Strecke bei starkem Wind zurück, bevor er in der Nähe von Dover Castle eine Bruchlandung hinlegte. Der wagemutige Pilot überlebte wohlbehalten, und seine Eindecker-Konstruktion mit dem vorne angebrachten Motor setzte einen neuen Standard für potenzielle militärische und zivile Kunden.

Um 1910 waren französische Flugzeughersteller wie Blériot, Farman und die Gebrüder Voisin weltweit führend, und auch deutsche und britische Hersteller florierten. In den Vereinigten Staaten machten sich drei Pioniere an der »Gold Coast« Kaliforniens einen Namen. Die Ähnlichkeiten zwischen den Firmengründern von Lockheed und Martin sind verblüffend. Zu einer Zeit, als Flugzeuge noch sehr schwer zu fliegen waren, verfügten die Brüder Loughead sowie Glenn L. Martin über ein großes Naturtalent als Flieger. Alle verfügten zudem über brillante Kenntnisse der Mechanik und brachten sich die Grundlagen des Flugzeugbaus autodidaktisch bei. Sie fühlten sich zutiefst dem Fliegen verbunden und starteten ihre jeweiligen Unternehmen mit der Entwicklung zuverlässiger Wasserflugzeuge.

Glenn Martins Kirchen-»Fabrik« in Santa Ana, Kalifornien, die für 12 Dollar pro Monat gemietet wurde, war ebenso praktisch wie symbolisch heilig. Buntglasfenster halfen ihm, seine Arbeit vor neugierigen Blicken zu verbergen. Das Kirchenschiff ohne Kirchenbänke bot einen geräumigen Holzboden ohne Innenpfosten. Die hohe Decke bot reichlich Platz für das große Leitwerk. In diesem Arbeitsraum lebte der schlanke, bebrillte Inhaber der Martin-Garage die zweite Hälfte seines Doppellebens. In manchen Nächten arbeitete er allein und hatte Mühe, seine Laterne zu halten, während er an den Motorteilen feilte. In anderen Nächten arbeitete Martin mit Roy Beall, seinem Chefmechaniker, und Charles Day, einem lokalen Mechanik-Ausbilder zusammen. Sogar Glenns Mutter, Minta, half mit.

Nach 13 Monaten Arbeit waren sie fertig. Die Fichtenholzstreben und der Bambus-Leitwerksträger boten eine perfekte Mischung aus Stärke und Leichtigkeit. Die aus Musselin gefertigten Tragflächen wurden lackiert, um das Gewebe zu verstärken und zu straffen. Ausgestattet mit einem 15 PS-Ford-Automotor und einem Gewicht von 1.150 Pfund war Glenn L. Martins Schubdoppeldecker flugbereit.

Leider steckte die Maschine im Inneren des Gebäudes gleich einem Buddelschiff in der Flasche fest. So hätte

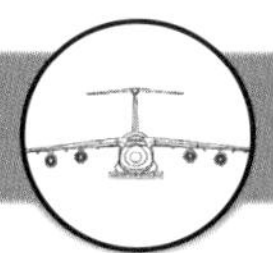

Die Lockheed Air Express war ein aus der Lockheed Vega abgeleitetes Verkehrsflugzeug. (NASA)

Mit der Orion gelang Lockheed der erste große Wurf eines aerodynamisch perfekt ausgebildeten Airliners. Als dieses Modell erstmals von Swissair eingesetzt wurde, war es Ansporn der deutschen Luftfahrtindustrie zur Entwicklung eigener schneller Verkehrsflugzeuge, wie die »Blitz«-Modelle Heinkel He 70 und He 111. (Loftin Collection, NASA Langley Research Center)

Martin das Flugzeug zunächst wieder demontieren und draußen erneut zusammenbauen müssen. Aber das hätte Wochen gedauert, und Martin hasste den Gedanken, die Maschine, an deren Bau er so hart gearbeitet hatte, auseinander zu nehmen. Anstatt sein Flugzeug zu demontieren, überredete er den Besitzer der Kirche Santa Ana, ihm zu erlauben, einfach die Vorderseite des Gebäudes zu öffnen, mit dem Versprechen, im Anschluss daran einen noch größeren Eingang zu bauen. Schon bald folgte eine mitternächtliche Prozession von Stadtbewohnern, die den intakten Doppeldecker zu James Irvines Bohnenfeld begleitete. Jenem Ort, an dem das Flugzeug am 1. August 1910 seinen Jungfernflug – und Martin den zweiten Flugversuch seines Lebens unternahm.

Vierhundert Meilen nördlich von Santa Ana arbeitete Allan Loughead im Jahr 1912 in einer kleinen Werkstatt an der Ecke Pacific und Polk Street in San Francisco. Inspiriert von den erfolgreichen Blériot-Konstruktionen entwarfen Allan und sein Bruder Malcolm ein Wasserflugzeug aus Holz und Stoff – mit einem 80-PS starken Motor und einem schlittenartigen Schwimmer. Nur ein Jahr zuvor hatte der 24-jährige Pilot Eugene Ely in der nahe gelegenen San Francisco Bay Geschichte geschrieben, als er die weltweit erste Landung eines Flugzeugs an Bord eines Seeschiffs, der USS Pennsylvania, vollzog. Obwohl keiner der Loughead-Brüder ein ausgebildeter Zeichner war, fertigten sie viele Entwürfe an, die sie mit A bis G bezeichneten, und entschieden sich schließlich für diese letzte Option.

Das Loughead-Modell G sollte drei Personen Platz bieten – zwei Passagieren und den Piloten – und hoffentlich auch Geld einbringen. Wenn es funktionierte, würde es das größte in Amerika gebaute Wasserflugzeug sein, und man hoffte, dass die Bootsfahrer in San Francisco für die Möglichkeit über ihre Bucht zu fliegen bezahlen würden.

Allan und Malcolm sicherten sich Kapital in Höhe von 1.200 Dollar von der örtlichen Alco Cab Company und ergänzten damit die 2.800 Dollar, die aus ihren eigenen Taschen und denen kleinerer Investoren kamen. Am 19. Dezember 1912, als die Finanzierung gesichert war, gründeten die Brüder die Alco-Hydro Aeroplane Company. In der kleinen Werkstatt, in der sie tagsüber Autos reparierten, nahm das Flugzeug der Brüder Gestalt an. Sie mussten das Flugzeug so bauen, dass es dem launischen Wetter in San Francisco standhalten konnte. Sollte das Flugzeug in die Bucht stürzen, hätten die Teile nicht geborgen werden können und ihre Investition wäre damit verloren gewesen. Zu allem Überfluss war Allans Frau schwanger, und die beiden lebten von dem Modell G.

Beginn der Militäraufträge

Am 10. Mai 1912 stand Glenn L. Martin auf einem Dock in der Newport Bay, Kalifornien, und übergab dem Ingenieur Charlie Day feierlich seine goldene Taschenuhr. »Passen Sie darauf auf«, sagte der 26-jährige Pilot und ergänzte lächelnd: »falls ich schwimmen gehe.« Martin versuchte, den Entfernungsrekord für Flüge über offenes Wasser zu brechen, und hatte die Insel Catalina im Visier. Vierunddreißig Meilen Ozean lagen zwischen ihm und seinem Ziel, eine wesentlich größere Entfernung als Blériots 22-Meilen-Flug über den Ärmelkanal. Glenns Mutter Minta stülpte ihm vorsichtshalber einen aufgeblasenen Fahrradschlauch über den Hals. Nach einem kurzen Winken an seine Eltern und Kollegen hob er ab und stieg auf eine Höhe von schätzungsweise 4.000 Fuß. Nach etwa 30 Minuten Flugzeit durchbrach er mit tadelloser Kompassarbeit eine bedrohliche Wolkendecke und sah die Avalon Bay von Catalina direkt vor sich. Er landete sicher, aber eine Gruppe junger Männer schleppte sein Flugzeug auf Catalinas kiesiges Ufer und riss ein Loch in seinen Ponton. Es dauerte fünf Stunden, bis ein ortsansässiger Segler es flicken konnte. Beim Start zum Rückflug riss der Flicken auf. Unter Aufbietung all seiner Flugkünste landete er so nah wie möglich am Ufer. Da der Ponton schnell Wasser aufnahm, kam das Flugzeug zum Stehen, als die Wasserlinie die Unterseite der Tragfläche erreichte.

Glenn Martin stellte damit zwei Weltrekorde auf: den längsten Flug mit einem Wasserflugzeug und den längsten Hin- und Rückflug über Wasser. Der internationale Erfolg ließ nicht lange auf sich warten, und so wurde am 16. August 1912 die Glenn L. Martin Company offiziell gegründet. Martin zog aus der Kirche aus und bezog eine kleine Fabrik in der 943 S. Los Angeles St. in der Innenstadt von L.A.

Auch bei der Familie Loughead gab es Neuigkeiten. Am ersten Juni 1913 brachte Allan Lougheads Frau Dorothy ihr erstes Kind zur Welt, eine Tochter namens Flora. Die Finanzen von Allans Familie hingen nun vom Schicksal eines unerprobten Wasserflugzeugs ab. Es musste einfach fliegen.

Zwei Wochen nach Floras Geburt, am 15. Juni, starteten Allan und Malcolm ihr Modell G von einer Bootsrampe in der Nähe von Fort Mason in die Bucht von San Francisco. Allan drückte auf den Gashebel. Bald war das Flugzeug in der Luft. Der erste Flug des Lockheed Model G war vollbracht. Malcolm schloss sich Allan für den zweiten Flug an und sie überflogen zur Freude der Schaulustigen in einer Höhe von bis zu 300 Fuß die Gefängnisinsel Alcatraz Island und die Sausalito Bay.

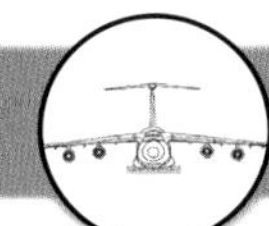

Aber die Herausforderungen ließen nicht nach. Als das Flugzeug Monate später beschädigt wurde, beschlagnahmte es der besorgte Alco-Investor und lagerte es ein. Um genug Geld für die Reparatur und den Rückkauf des Flugzeugs zu verdienen, gingen die Loughead-Brüder ihren alten Jobs als Mechaniker nach und versuchten sich als Goldwäscher in Kalifornien. Malcolm diente sogar als Berater für die Luftwaffe eines Revolutionsgenerals in Mexiko, wo auch ein von Martin gebautes Flugzeug zum Einsatz kam. Es dauerte mehr als ein Jahr, aber die Brüder konnten das Flugzeug gerade noch rechtzeitig für die Panamapazifik-Ausstellung 1915 reparieren. Die internationale Veranstaltung war ein großer Erfolg. Die Lougheads verkauften Flüge an mehr als 600 Personen für die damals schwindelerregende Summe von 10 Dollar pro Flug, und absolvierten das Programm ohne Zwischenfälle oder Verletzungen. Das Modell G hatte nun etwas wirklich Innovatives erreicht: Es hatte Gewinn gemacht. 1916 zogen die Brüder in die Nähe ihrer Mutter nach Santa Barbara, Kalifornien, und gründeten die Loughead Aircraft Manufacturing Company in einer Garage in der 101 State St., nur wenige Blocks von der Uferpromenade entfernt.

Die Spannungen zwischen Frankreich, Großbritannien und Deutschland spitzten sich im Sommer 1911 zu, als Frankreich Truppen zur Niederschlagung einer Rebellion in Marokko einsetzte und damit das deutsch-französische Abkommen von 1909 brach. Die Anwesenheit deutscher Kanonenboote alarmierte die Briten, die die Möglichkeit der Errichtung eines deutschen Marinestützpunkts im Atlantik befürchteten. Das Patt endete, aber ein größerer Krieg schien unmittelbar bevorzustehen.

Die Vereinigten Staaten bereiteten sich zwar noch nicht auf den Ersten Weltkrieg vor, aber der Mangel an Flugzeugen und ausgebildeten Piloten wurde zu einem eklatanten Mangel des Militärs. Im Jahr 1913 schickte das Army Signal Corps den Luftfahrtingenieur Grover C. Loening zu den wenigen inländischen Flugzeugherstellern – darunter auch Glenn Martins Werk in Los Angeles. Zu dieser Zeit verdiente Martin sein Geld hauptsächlich mit Flugausstellungen und dem Betrieb einer Flugschule, zu deren berühmten Schülern William Edward Boeing zählte. Loening war auf der Suche nach einer Maschine, in der zwei Personen – Fluglehrer und Flugschüler – Platz finden sollten, mit Steuerelementen für beide und einem Zugpropeller an Stelle des gefährlicheren Schubpropellers. Loening nannte weitere Spezifikationen für Geschwindigkeit und Flughöhe und verlangte dann ein fertiges Produkt in sechs Wochen.

Martin und sein Chefingenieur Charles Willard arbeiteten bereits an einem Flugzeug, das dem von Loening beschriebenen verblüffend ähnlich war. Innerhalb von sechs Wochen lieferten sie der Armee die Martin TT, das erste für die militärische Ausbildung konzipierte Flugzeug. Die TT war auch der erste militärische Auftrag, den die junge Firma Martin erhielt, und setzte einen Präzedenzfall für die Unterstützung der militärischen Luftfahrt, der sich durch das kommende Jahrhundert ziehen sollte.

Die Armee war von der TT begeistert und bestellte 1914 weitere vierzehn Maschinen. Diese Flugzeuge wurden zur Ausbildung von 29 Piloten eingesetzt und stellten eine außerordentliche Verbesserung der bisherigen Sicherheitsbilanz der Armee dar. Martin flog die TT später bei den ersten offiziellen Bombardierungsversuchen der Armee in San Diego.

Drei Tage nach dem deutschen Einmarsch in Belgien gab Glenn Martin in der Ausgabe des Los Angeles Evening Herald vom 7. August 1914 eine prophetische Vision der militärischen Luftfahrt. »Das Flugzeug wird den Krieg in Europa praktisch entscheiden«, sagte er, »denn die alten Kriegstaktiken gibt es nicht mehr. Die Generäle, die das am schnellsten erkennen ... werden gewinnen.«

Martin beschrieb die drei verschiedenen Arten von Flugzeugen, die das Militär seiner Meinung nach einsetzen würde: langsame Bomber mit hoher Nutzlast, etwas schnellere Aufklärungsflugzeuge und schnelle Kampfflugzeuge. Tatsächlich wurden Flugzeuge im Ersten Weltkrieg zur Beobachtung und Aufklärung eingesetzt. Und Flugzeuge mit Maschinengewehren oder von Hand abgeworfenem Sprengstoff waren die ersten Bomber und Kampfflugzeuge.

Obwohl Martins militärischer Weitblick beeindruckend genau war, vergaß er, eine vierte Art von Militärflugzeug zu erwähnen: das Transportflugzeug.

Ein neuer Name – ein neues Unternehmen

Der Misserfolg des S-1 Sportflugzeugs in den frühen 1920er-Jahren bedeutete das Ende der Loughead Aircraft Manufacturing Company, doch die vier führenden Köpfe trennten sich einvernehmlich.

Malcolm Loughead, der ein hydraulisches Vierradbremssystem patentiert hatte, zog nach Detroit, um sich auf die boomende Automobilindustrie zu konzentrieren. Da er es leid war, dass die Leute seinen Namen falsch aussprachen, änderte er seinen Nachnamen offiziell in »Lockheed« und gründete die Lockheed Hydraulic Brake Company. Allan änderte ebenfalls seinen Namen und wurde Malcolms kalifornischer Vertriebspartner, während er in seiner Freizeit weiterhin an neuen Ideen für Flugzeuge arbeitete. Der Ingenieur Jack Northrop zog nach Santa Monica, um bei der Douglas Aircraft Company für den ehemaligen Chefingenieur von Glenn L. Martin, Donald Douglas, zu arbeiten.

Leichtere luftgekühlte Motoren ließen die Zukunft des Motorflugs erahnen, und wagemutige Flieger testeten die neuesten Innovationen bei öffentlichen Flugschauen. Investoren suchten nach Möglichkeiten, in das Flugzeuggeschäft einzusteigen, von dem sie sich erhofften, dass es dem schnell wachsenden Automobilgeschäft als nächster Wachstumsmarkt folgen würde. Mitte der 1920er-Jahre entwarf Jack Northrop innovative freitragende Eindecker für kalifornische Hersteller wie Ryan und Allan Lockheed.

Letzterer war anfangs gegen den freitragenden Ansatz, doch Northrop blieb hartnäckig und war sich sicher, dass »ein stabil gebauter, mit Sperrholz bespannter, freitragender Holzflügel ohne die übliche Vielzahl von Streben für die von ihm angestrebten klaren Linien unerlässlich ist.« Darüber hinaus wurde ein sehr leichter, aber haltbarer, zigarrenförmiger Rumpf hergestellt. Er konnte selbst einen schweren, leistungsstärkeren Motor – bis zu 650 PS – tragen, mit dem das Flugzeug wesentlich höhere Geschwindigkeiten erreichen konnte. Der Entwurf für die so konstruierte Vega, die nach einem der hellsten Sterne am Himmel benannt wurde, trug dazu bei, die Finanzierung für ein neu organisiertes Lockheed-Unternehmen zu sichern. Mit dem Rat des Buchhalters W. Kenneth Jay und dem Startkapital des Ziegelherstellers Fred S. Keeler wurde im Dezember 1926 die neue Lockheed Aircraft Company gegründet. Die Arbeiten an der Vega begannen in einer ehemaligen Töpferfabrik in Hollywood.

Während der Beginn des Jahres 1927 für die neue Firma Lockheed eine aufregende, wenn auch turbulente Zeit war, erfreute sich die Firma Martin relativer Stabilität. Nachdem Martin den Auftrag zur Herstellung von 35 Torpedoflugzeugen des Typs SC-1 erhalten hatte, war die Marine mit dem Preis und der Produktion des Flugzeugs so zufrieden, dass die Regierung 40 Exemplare einer verbesserten Version, der SC-2, bestellte. Die Marine kaufte zwischen 1927 und 1930 weitere 230 Exemplare dieses Mehrzweckflugzeugs und seiner Nachfolgeversionen und machte Martin damit zu einem der größten Flugzeughersteller in den Vereinigten Staaten.

Die vielen Geschwindigkeitsrekorde der Lockheed Vega veranlassten Allan Lockheed zu dem Ausspruch »Es braucht eine Lockheed, um eine Lockheed zu schlagen« – eine Aussage, die nicht nur auf die ikonische Vega, sondern auch auf Generationen von revolutionären Lockheed-Flugzeugen, die folgen sollten, zutraf.

Im Jahr 1930 weckte eine modernisierte Version der Vega 5C, die DL-1, das Interesse der weltberühmten Fliegerin Amelia Earhart. Sie hatte als Besatzungsmitglied an einem Transatlantikflug teilgenommen, und wurde sofort zum Star. Auch dank der Werbemaßnahmen ihres Verlegers, Managers und späteren Ehemanns George P. Putnam. Trotz ihres Ruhmes fühlte sich Earhart auf der Transatlantikreise wie ein »Sack Kartoffeln« und träumte davon, die Reise als Pilotin und nicht als Passagierin zu beenden.

Im Juni 1930 lieh sich Earhart die DL-1 aus und stellte mit ihr drei neue Geschwindigkeitsrekorde für Frauen auf. Eine der Hauptkonkurrentinnen von Amelia Earhart bei ihren Rekordversuchen war Ruth Nichols, die mit einer Vega mehrere Geschwindigkeits-, Höhen- und Entfernungsweltrekorde für Frauen aufstellte und einmal sogar alle drei Rekorde gleichzeitig hielt. Sie versuchte 1931, als erste Frau einen Solo-Transatlantikflug zu unternehmen, stürzte jedoch in New Jersey ab. Dabei wurde sie zwar verletzt, blieb jedoch am Leben. In dem Jahr seit Lindberghs erfolgreichem Versuch waren vierzehn Menschen bei diesem Flugversuch ums Leben gekommen, darunter drei Frauen. Am 20. Mai 1932 startete Amelia Earhart in ihrer roten Lockheed Vega von Neufundland aus zu einem Alleinflug, um die Leistung von Charles Lindbergh aus dem Jahr 1927 zu wiederholen. Nach fast 15 Stunden landete Earhart sicher auf der Weide eines Bauern in der nordirischen Grafschaft Derry und war damit die erste Frau und der zweite Pilot in der Geschichte, der den Atlantik im Alleingang überflog. Dieses Mal wusste Earhart, dass sie ihren Ruhm verdient hatte.

Fall und Aufstieg

Sirius, Orion, Altair, Vega – die Galaxie blieb Lockheed nicht treu. Die Weltwirtschaftskrise forderte ihren Tribut und das Unternehmen war gezwungen Konkurs anzumelden. Allan Lockheeds Versuche, mit Loughead Brothers Aircraft (und später mit der Alcor Aircraft Corporation) neue Flugzeuge auf den Markt zu bringen, kamen nie in Gang. Von den finanziellen Turbulenzen der Depression gebeutelt, arbeitete Allan Lockheed fortan als Immobilienverkäufer. Auch Glenn Martin bekam Anfang der 1930er-Jahre die Auswirkungen der Depression zu spüren. Sein Unternehmen verzeichnete 1931 einen Verlust von 46.145 Dollar und damit begann ein Abschwung, der sich bis Mitte der 1930er-Jahre hinziehen sollte. Dennoch hoffte er auf eine Trendwende und erkannte, dass das

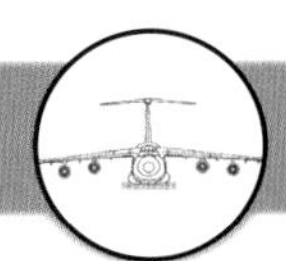

Amelia Earhart vor jener Lockheed 10-E »Electra« mit der sie bis heute spurlos verschwunden ist. (NASA)

Die Lockheed 14 Super Electra war der erste globale Verkaufserfolg der Lockheed-Flugzeugwerke. Mit ihr trat der Hersteller gegen die Douglas DC-3 im Wettbewerb an. (NASA Langley Research Center)

Unternehmen nicht mehr nur auf militärische Kunden angewiesen sein würde.

Am Morgen des 21. Juni 1932 stand ein adrett gekleideter junger Harvard-Absolvent in einem US-Bezirksgerichtssaal in Los Angeles und hielt einen einzigen weißen Umschlag in der Hand. Er war gekommen, um die Vermögenswerte der Lockheed Aircraft Corporation zu erwerben. Als der Richter fragte, ob es irgendwelche Bieter für das Unternehmen gäbe, trat nur der junge Mann vor und legte den Umschlag auf den Richtertisch. Er enthielt ein Angebot von 40.000 Dollar, das von einem Investorenkonsortium zusammengeschustert worden war.

Der Richter war unverblümt: »Ich hoffe, junger Mann, Sie wissen, was Sie tun«, sagte er. »Ich weiß es«, antwortete der neue Käufer von Lockheed, der den Gerichtssaal verließ und den Rest seines Lebens damit verbrachte, Lockheed zu einem der dynamischsten Luft- und Raumfahrtunternehmen der Welt zu machen. Sein Name war Robert E. Gross. Er war optimistisch, aber auch Realist. Im Gegensatz zu seinen Vorgängern war er kein Flieger und hatte keinen technischen Hintergrund. Aber Gross hatte zuvor eine Beteiligung an Stearman Aircraft erworben und später mit seinem Bruder Courtlandt die Viking Flying Boat Company gegründet. Mit seinem Geschäftssinn und seiner Fähigkeit, Mitarbeiter zu inspirieren, führte er Lockheed aus dem Bankrott in den Wettlauf um die Raumfahrt.

Gross baute ein zukunftsorientiertes, finanziell stabiles Unternehmen auf, das aus talentierten Mitarbeitern und zukünftigen Führungskräften bestand. Seine Beziehungen zu dem Ingenieur und Hersteller Lloyd Stearman, dem »Abenteurer und Geschäftsmann« Cyril Chappellet und seinem Bruder sollten in dem neuen, jungen Unternehmen Früchte tragen. Er hatte auch ein gutes Gespür für Talente, wie einer seiner ersten Mitarbeiter, der Ingenieur Hall Hibbard, bewies. Gross ermutigte seine Lockheed-Ingenieure auch Fehlschläge zu riskieren, um scheinbar unmögliche Maschinen zu entwickeln. Der erste dieser Vorfälle ereignete sich an einem Herbsttag im Jahr 1932, kurz nachdem Gross das Unternehmen übernommen hatte, als er im Café des Union Air Terminal saß. Gross beobachtete aufmerksam, wie die Passagiere auf den Rampen draußen in die Flugzeuge stiegen. Drei Flugzeuge standen zum Abflug bereit: eine einmotorige Lockheed Orion, eine Ford Trimotor und das Modell 247 von Boeing, ein zweimotoriges Flugzeug. Cyril Chappellet, der Gründungssekretär von Lockheed, erinnert sich:

Bob fragte sich: »Welchem dieser beiden Flugzeuge würde ich mich als uninteressierter Flieger am liebsten anvertrauen?« Er entschied, dass er und die meisten Leute lieber ein Ticket für ein mehrmotoriges Flugzeug kaufen würden. Also kam er zurück in die Fabrik und sagte Hall Hibbard, er solle seine Zeichnungen für das einmotorige große Flugzeug verwerfen und mit einem kleinen, zweimotorigen Flugzeug beginnen. Gross wollte ein Flugzeug, das die allerneuesten technischen Innovationen verkörperte, das schnell und kostengünstig zu produzieren war und sich leicht an den sich ständig weiterentwickelnden Luftfahrtmarkt anpassen ließ. Anstatt mit einem einzigen Konstrukteur zu arbeiten, wie es bis dahin üblich war, wandte er sich an ein Team von Entwicklern, die bereits vor Ort waren – Männer wie die bekannten Ingenieure Richard Von Hake und Lloyd Stearman –, die alle über Erfahrungen im Bau ihrer eigenen Flugzeuge verfügten. Hall Hibbard leitete das Konstruktionsteam. Gemeinsam schuf das Lockheed-Team einen einzigartigen Prototyp. Er wurde Electra Model 10 genannt, benannt nach einem Stern des Plejadenhaufens.

Das Genie Clarence »Kelly« Johnson

Im Jahre 1933 gehörte zum Electra-Entwicklungsteam auch ein 23-jähriger Werkzeugkonstrukteur, der gerade sein Aerodynamikstudium an der University of Michigan abgeschlossen hatte. Sein Name war Clarence Johnson, aber seit er in der Grundschule einen örtlichen Rüpel verprügelt hatte, trug er den trotzigen Spitznamen »Kelly«, der zu seiner wilden und kämpferischen Persönlichkeit passte. Kurz nach seiner Einstellung betrat Johnson das Büro seines neuen Chefs, deutete auf die Electra und stellte eine kritische Instabilität fest. Als Doktorand in Ann Arbor hatte Johnson lange Stunden an Windkanaltests für Flugzeughersteller gearbeitet, und Hibbard unterstützte Johnson in seiner ersten Vermutung. Hibbard schickte Johnson zurück nach Michigan, diesmal als Mitarbeiter von Lockheed, um weitere Windkanaltests an der Electra durchzuführen.

Nach mehr als 70 Tests holte Johnson das Modellflugzeug zum letzten Mal aus dem Windkanal. Johnsons Erkenntnis, die durch diese Tests bestätigt wurde, war, dass die Electra mit einem Leitwerk nicht stabil genug war. Er empfahl eine Doppelleitwerkskonstruktion, bei der die Ruder direkt hinter jedem Motor angeordnet waren. Die Version mit zwei Leitwerken übertraf nicht nur die ursprüngliche Electra-Konstruktion bei weitem, sie wurde auch zum Markenzeichen anderer Lockheed-Modelle.

Johnsons Arbeit im Windkanal war die erste von vielen entscheidenden Erkenntnissen und Innovationen, die ihn

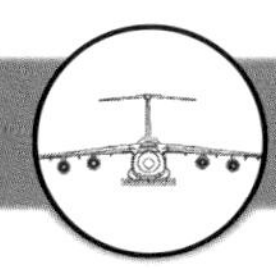

Kelly Johnson (ganz links) im Cockpit einer Constellation während des Zulassungsfluges der amerikanischen Zivilluftfahrtbehörde. (Lockheed Martin)

zum führenden Flugzeugkonstrukteur des Jahrhunderts machten. Sie stand auch für den fortschrittlichen Ansatz der Teamarbeit, den Gross bei Lockheed einführte, als er das Unternehmen übernahm. In den folgenden zehn Jahren wurden Tausende von Electras in verschiedenen Konfigurationen in die ganze Welt verkauft, was sie zu einem der wichtigsten Verkehrsflugzeuge in einer neuen Ära des kommerziellen Weltverkehrs machte. Der Erfolg der Lockheed Electra war zum Teil auf ihre Flexibilität zurückzuführen. Carl Squier, Vizepräsident der Verkaufsabteilung, sah einen größeren Markt und beauftragte Hall Hibbard und Kelly Johnson mit der Entwicklung kleinerer und größerer Versionen des beliebten Flugzeugs, die als Modell 12 Electra Junior bzw. Modell 14 Super Electra auf den Markt kamen. Die kleinere Electra Junior für sechs Passagiere - die die Flügelfläche des Originalflugzeugs um 23 Prozent verkleinerte und dennoch eine respektable Höchstgeschwindigkeit von 225 mph erreichte – war für kleinere Fluggesellschaften, private Besitzer und Regierungsbehörden gedacht. Ab Juni 1936 fand sie sowohl im Inland als auch in Übersee einen Markt. Insgesamt wurden 130 Exemplare des Modells 12 produziert, von denen sieben an die US-Marine und 36 an die Regierung von Niederländisch-Ostindien geliefert wurden. Für Privatleute wie James Sidney Cotton, ein britisches Fliegerass des Ersten Weltkriegs, war die Electra Junior das perfekte Flugzeug, da sie sowohl schnell als auch leicht manövrierbar war. Cotton versteckte sieben Kameras in seinem Privatflugzeug und flog 1939 zahlreiche Einsätze mit seiner Electra Junior über dem Mittelmeer und Nordafrika, um wichtige Fotos von Nazi-Stellungen zu machen. Seine Arbeit führte zur Gründung der Royal Air Force's Photographic Reconnaissance Unit und diente in gewisser Weise als Vorläufer für zukünftige Lockheed-Spionageflugzeuge und -Satelliten. Die größere Cousine der Electra, die 14-sitzige Model 14 Super Electra, erregte die Aufmerksamkeit eines Mannes, der entschlossen schien, den Himmel zu erobern. Der unbezähmbare Howard Hughes, Geschäftsmann, Playboy und Flieger, der für seine waghalsigen Kinofilme bekannt war, machte sich 1938 daran, sein bisher ehrgeizigstes Ziel zu erreichen: den Geschwindigkeitsrekord für einen Flug um die Welt aufzustellen. Er beauftragte Lockheed, eine Super Electra mit 1.100-PS-Motoren und den neuesten Funk- und Navigationsgeräten auszustatten. Die Electra war der Aufgabe

Die »Excalibur« war ein erster Versuch von Lockheed einen viermotorigen Airliner auf den Markt zu bringen. Nachdem dieser bei den Fluglinien auf kein Interesse stieß, ließ sich Lockheed auf Howard Hughes und seine Ideen für die daraus entwickelte Constellation ein. (Lockheed Martin)

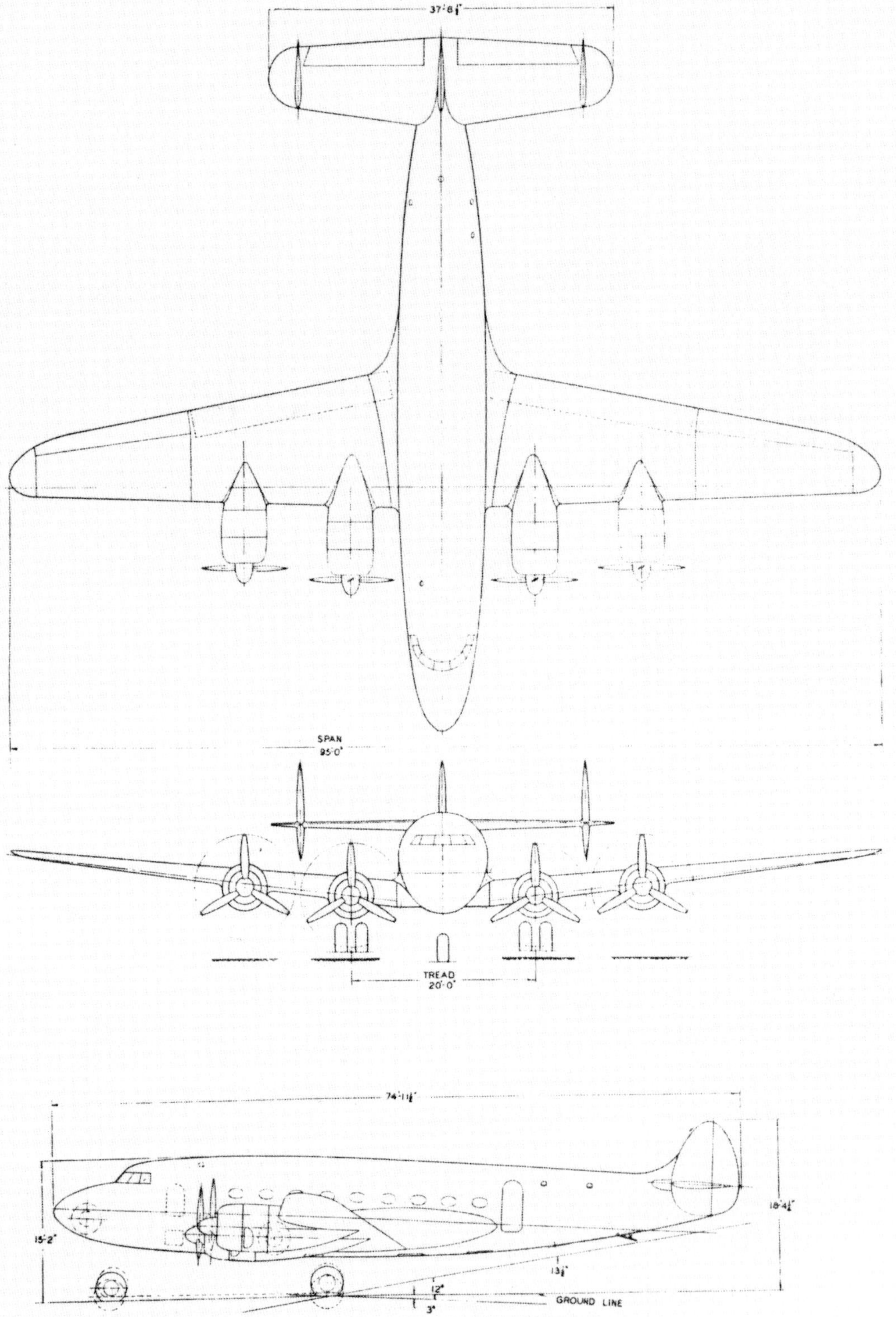

GENERAL ARRANGEMENT

mehr als gewachsen und erreichte eine Durchschnittsgeschwindigkeit von 206 mph. Hughes umrundete die Welt in nur 71 Stunden, 11 Minuten und 10 Sekunden.

Zu dieser Zeit verkauften sich die Lockheed Model 14 Super Electras gut, insbesondere an kommerzielle Fluggesellschaften in Übersee. Lockheed konkurrierte mit seiner Super Electra gegen die Douglas DC-3 und bot ein Flugzeug an, das einen Geschwindigkeitsvorteil von 45 Meilen pro Stunde und neue Fowler-Klappen aufwies, eine Innovation, die die Flügelfläche vergrößerte, um die Anflug- und Landegeschwindigkeit zu verringern. Bis 1937 hatte Lockheed Aufträge im Wert von 5 Millionen Dollar für dieses Modell 14 und baute schließlich 112 Flugzeuge, die auf Flughäfen von Polen bis Japan starteten.

Die Electra zog sofort das Interesse der Fluggesellschaften auf sich, insbesondere von Northwest Airlines und Pan American Airways, die bis Ende 1934 Electras für ihre Flotten kauften. Gross wusste jedoch, dass er auch private Flugzeugenthusiasten und das Militär ansprechen musste, wenn er wollte, dass die Verkaufszahlen die privaten Entwicklungskosten überstiegen. Darunter befand sich Amelia Earhart.

Wie Wiley Post und zahllose andere hatte auch Earhart das Ziel, die Welt zu umrunden. Allerdings wollte sie die Reise auf einer zermürbenden 9.000-Meilen-Route entlang des Äquators absolvieren, der längsten bisher unternommenen Strecke. Das Flugzeug, das sie für diese Reise benutzen wollte, war eine Lockheed Electra. Damit das Flugzeug zwischen den Tankstopps weiter fliegen konnte, rüsteten die Lockheed-Ingenieure ihre 10-E Electra mit speziellen Tanks aus, die es ihr ermöglichten, statt der üblichen 200 Gallonen Treibstoff, ganze 1.200 Gallonen mitzuführen. Earharts Mission war nicht nur beispiellos, sondern auch gefährlich. Kelly Johnson arbeitete mit Amelia Earhart zusammen, als sie sich auf ihren Flug um die Welt vorbereitete. In enger Zusammenarbeit mit der Fliegerin entwickelte er neue und komplexe Flugprotokolle, um die Reichweite von Earharts Flugzeug zu erhöhen.

Denjenigen, die Earhart nahe standen, wurde klar, dass sie nicht auf den Flug konzentriert war. Sie beaufsichtigte den Bau eines neuen Hauses, machte Wahlkampf für Präsident Roosevelt und warb für ihre neue Gepäcklinie. Vor dem Abflug ließ sie auf unerklärliche Weise ihren Morsecode-Schlüssel, ein wichtiges Funkgerät, ihren Fallschirm, ihre Rettungsinsel und sogar ihr Glücksarmband zurück. Nach einem Flug Richtung Osten über Südamerika, Afrika und Asien flogen Earhart und ihr Navigator Fred Noonan zur Howland-Insel, 2.500 Meilen östlich von Neuguinea. Nach sporadischem Funkkontakt verschwanden sie am 2. Juli 1937 irgendwo über dem Südpazifik – bis heute.

Als ein weiterer Krieg in Europa unmittelbar bevorzustehen schien, wurde klar, dass Flugzeuge in künftigen Konflikten eine entscheidende Rolle spielen würden. Kampfflugzeuge und Bomber, wie sie von Glenn L. Martin entwickelt wurden, waren ein wichtiger Bestandteil der US-Verteidigungsrüstung. Auch Lockheed trug zur militärischen Vorbereitung bei, insbesondere mit der XC-35, dem weltweit ersten Flugzeug mit einer für große Höhen geeigneten Druckkabine. Hibbard und Johnson begannen auch mit der Entwicklung der P-38 Lightning, einer der innovativsten Luftabwehrwaffen des sich abzeichnenden militärischen Konflikts. Vor dem Zweiten Weltkrieg waren nur fünf Lockheed-Mitarbeiter Frauen. Bis Juni 1943 war diese Zahl auf fast 35.000 angestiegen. In der Belegschaft der Glenn L. Martin Company vollzog sich ein ähnlicher Wandel. Am 20. Oktober 1941 startete eine erste Gruppe von 19 Frauen in Martins Werk in Nebraska mit der Arbeit. Sechs Monate später, nach dem Kriegseintritt der USA, arbeiteten bereits mehr als 2.000 Frauen in den Martin-Werken in Omaha und Baltimore. Als die Zahl der Beschäftigten in der Flugzeugindustrie im November 1943 mit 2,1 Millionen ihren Höchststand erreichte, betrug der Anteil weiblicher Mitarbeiter an dieser Belegschaft 37 Prozent. In den Kriegsjahren wurden Geschlechter- und Rassenschranken im Dienste nationalen amerikanischen Anstrengung zur Ausweitung der Flugzeugproduktion in einem noch nie dagewesenen Ausmaß überwunden. Tausende von Kampfflugzeugen, Bombern, Transport- und Aufklärungsflugzeugen, die von Lockheed, Martin und den Traditionsunternehmen Consolidated und Vultee während des Zweiten Weltkriegs produziert wurden, dienten einem lebenswichtigen Bedarf in einem Konflikt, der in der Luft gewonnen oder verloren werden konnte.

Die Lockheed Aircraft Corporation präsentierte der Kommission eine hölzerne Attrappe in Originalgröße von dem, was der Konstrukteur Kelly Johnson einen »konvertierbaren Transportbomber« nannte. Indem er die Super Electra von Lockheed mit einem Bombenschacht und drei Maschinengewehren ausstattete, entwarf Johnson das erste amerikanische Flugzeug, das im Zweiten Weltkrieg ein feindliches Flugzeug zerstörte: die Hudson. Lockheed, damals noch unerfahren im Bau von Militärflugzeugen, war bestrebt, das Vertrauen der Royal Air Force zu gewinnen. Johnson und Courtlandt Gross, inzwischen ein zentraler Bestandteil des Lockheed-Managementteams, reisten nach London, um den Verkauf des neuen Hudson-Bombers abzuschließen, doch das britische Luftfahrtministerium verlangte zahlreiche Konstruktionsänderungen. Der 28-jährige Johnson trat sofort in Aktion, auch wenn dies einige schlaflose Nächte bedeutete. Nach Integration aller vorgeschlagenen Änderungen produzierte Lockheed ein völlig neues Sperrholzmodell, das bis ins kleinste Detail komplett war – bis hin zu einer Auswahl an alternativen Nasendesigns. In nur wenigen Tagen hatte Lockheed den Briten das gewünschte Flugzeug präsentiert. Der am 23. Juni 1938 unterzeichnete Vertrag ermächtigte Lockheed, bis Dezember 1939 bis zu 250 Hudson-Bomber zu produzieren, und war damit der bis dahin größte Auftrag für einen internationalen Flugzeugverkauf durch ein amerikanisches Unternehmen. Konkurrenten bezweifelten, dass Lockheed die Frist einhalten würde, aber Sir Arthur Harris, der später das Bomber Command der RAF leiten sollte, war anderer Meinung: »Ich war fest davon überzeugt, dass jeder, der innerhalb von vierundzwanzig Stunden ein Modell herstellen konnte, alle seine Versprechen einhalten würde – und das tat Lockheed ganz sicher«, schrieb er.

Die Constellation – der erste Lockheed Transporter

Wie der erste amerikanische Milliardär, Filmproduzent, Ölmagnat und Luftfahrt Tycoon die damals noch unbedeutenden Lockheed-Flugzeugwerke vom Bau der Constellation überzeugte.

TWA Präsident Jack Frye stand mit dem Rücken zur Wand. Die fünf, von seiner Airline exklusiv in Auftrag gegebenen Boeing 307 »Stratoliner« befanden sich bei Boeing in der Endmontage, als ihm der TWA-Aufsichtsrat 1939 die abschließende Finanzierung des Deals verweigerte. Er habe seine Kompetenzen überschritten, so die Airline-Aufseher – und Boeing werde kein weiteres Geld mehr für die Flugzeuge erhalten.

Frye musste schnell handeln, denn TWA brauchte dringend modernes Fluggerät, um sich gegen die Konkurrenz zu wappnen. Die Stratoliner, so sein Kalkül, würden als erste, mit einer Druckkabine ausgestattete Passagierflugzeuge TWA den Weg in die Zukunft ebnen. In dieser verzweifelten Situation kontaktierte er Howard Hughes, legendärer Tycoon und Erbe der Hughes Tool Company. Der exzentrische, Luftfahrt vernarrte Multimilliardär nutzte seine Chance, kaufte einen Großteil der TWA-Aktien und entließ umgehend den kompletten Aufsichtsrat. Jack Frye war erleichtert. Der Boeing-Deal für fünf »Stratoliner« konnte erneuert werden – seine TWA blieb im Rennen!

Während Howard Hughes bei TWA an Bord kam, erwarben Robert E. Gross, Walter T. Varney und Lloyd Stearman am 6. Juni 1932 vom Konkursverwalter für 40.000 US-Dollar den Namen und die traurigen Überreste der erfolglosen Lockheed Company. Zum »Vice President« der wiederbelebten Flugzeugwerke wurde Hall L. Hibbard ernannt während rund ein Jahr später Clarence L. »Kelly« Johnson als Flugzeugdesigner die kleine Mannschaft ergänzte. Das neue Team startete mit Elan durch und produzierte auf Anhieb so erfolgreiche Flugzeugmuster wie die Lockheed Model 10 Electra, Lodestar und Model 18. Allen diesen Maschinen war gemein, dass sie auf Schnelligkeit getrimmt waren. Auf der Woge des Erfolgs schwimmend brachte Lockheed 1937 ein viermotoriges Passagierflugzeug ins Gespräch – die Excalibur. Pan American zeigte Interesse, Lockheed baute sogar ein Mock-up, doch wurde die Entwicklung schon bald wieder eingestellt. Howard Hughes, selbst von Rennflugzeugen begeistert, waren die Pläne Lockheeds für ein schnelles Verkehrsflugzeug nicht verborgen geblieben. Und so bat er Jack Frye in einem Telefonat um geheime Kontaktaufnahme zu Bob Gross. Dieser ließ sich, einen lukrativen TWA-Auftrag erhoffend, nicht zweimal bitten.

Die Handschrift von Kelly Johnson

Das erste, erneut geheime Zusammentreffen von Bob Gross, Hall Hibbard, Kelly Johnson und Howard Hughes fand in dessen Anwesen in Los Angeles statt. Hughes verlangte ein Design, das Geschwindigkeit, Reichweite und Passagierkomfort vereint. Eine verbesserte Excalibur kam für ihn nicht in Frage – es musste eine völlige Neukonstruktion für seine TWA sein.

Diesem ersten Abtasten folgte das nächste Geheimtreffen im Beverly Hills Hotel in Los Angeles bei dem es bereits um konkrete Details wie die Wahl des richtigen Triebwerkes ging. Meeting folgte auf Meeting und wieder war das Beverly Hills Hotel Schauplatz der ersten Präsentation von Lockheed's Designentwürfen, die wenig später einen Namen bekommen sollten: Constellation. Die ersten Studien zeigten bereits alle so einmaligen Details der Serienmaschinen. Der delphinförmig geschwungene Rumpf, das dreifache Leitwerk, die maßstäblich vergrößerten Tragflächen der Lockheed P-38 Lightning sowie eine Geschwindigkeit von 630 Kilometern pro Stunde. Schneller, als jedes andere Flugzeug seiner Zeit! Hughes drängte in den zahleichen Besprechungen immer wieder auf Geschwindigkeit. »Schneller, schneller und nochmals schneller« war seine Forderung an Lockheed. Unter den Mitgliedern des Hersteller-Teams war zunächst noch umstritten, ob eine zylindrische Rumpf-

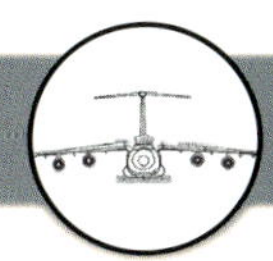

Die Lockheed YP-38 Lightning im Windkanaltest. Dieses war eine Vorserienversion des Standardjägers der amerikanischen Luftwaffe während des Zweiten Weltkriegs – vor allem auf Schauplätzen im Indopazifik. (NASA Langley Research Center)

Die Lockheed-Klassiker Vega und Constellation. (Lockheed Martin)

form nicht Vorteile im Flugbetrieb bieten würde, doch setzten sich Kelly Johnson und Bob Gross durch. Sie waren von der Schönheit des delphinförmigen Rumpfes so angetan, dass die hausinternen Kritiker schnell verstummten. Um die ambitionierten Pläne zu realisieren, setzten die Lockheed-Konstrukteure beim Bau bedingungslos auf aerodynamische Perfektion. So ist der Luftwiderstand der Constellation ganze 13 Prozent niedriger als jener der Douglas DC-4 Skymaster! Der delphinartige Ganzmetallrumpf bildete eine strömungstechnisch optimale Einheit mit den Tragflächen, und die Wright Duplex Cyclone R-3350, 18-Zylinder Sternmotoren verfügten über eine Startleistung von 2.200 PS. Doppelt so viel wie jene des Boeing 307 Stratoliner.

Die Verhandlungen zogen sich hin, und bald war es an der Zeit einen formellen Vertrag zwischen TWA und Lockheed zu unterzeichnen. Howard Hughes, um die Geheimhaltung des Projektes fürchtend, verweigerte die Einweihung weiterer Personen. Schließlich kam TWA-Mitbegründer Tommy Tomlinson auf die zündende Idee, seine als Gerichtsreporterin arbeitende Ehefrau Marge mit dem Tippen der Verträge zu beauftragen. Ein Vorschlag, dem auch Howard Hughes zustimmte. So entstand im Juli 1939 jener legendäre Vertrag zwischen der offiziell als Käuferin auftretenden Hughes Tool Company und Lockheed – die Constellation war geboren! Lockheed hatte sich bereit erklärt, die ersten 40 Exemplare des Model 49 exklusiv für TWA zum Stückpreis von 425.000 US-Dollar zu bauen. Selbst Verkaufsgespräche mit weiteren Airlines war Lockheed erst nach Lieferung des 35. Exemplars an Hughes gestattet. Diese Zusatzvereinbarung sollte es TWA ermöglichen rund zwei Jahren exklusiv Flugreisen mit dem schnellsten, komfortabelsten und am weitesten fliegenden Passagierflugzeug der damaligen Zeit anzubieten.

Eine Legende hebt ab

Die Produktion der Model 49 Constellation startete 1940 mit den 40 Exemplaren für die Hughes Tool Company. Pan American World Airways (PAA) folgte mit einem Auftrag in identischer Höhe der sich auf 22 Maschinen des Model 49 und 18 Flugzeuge des für Interkontinental-Routen geplanten Model 149 aufteilte. Howard Hughes stimmte dieser Bestellung nur unter der Bedingung zu, dass PAA seine »Connies« lediglich für internationale Routen nutzt, die der zu jenem Zeitpunkt überwiegend im US-Inland aktiven TWA keine Konkurrenz bereiten würden. Doch weder TWA, noch PAA sollten zunächst ihre Maschinen erhalten. Am 7. Dezember 1941 attackierten japanische Einheiten die US-Marinestation Pearl Harbor auf Hawaii. Von dem Angriff völlig überrascht erklärten die USA nur einen Tag später Japan den Krieg und wurden so aus ihrer einst neutralen Position in die Wirren des Zweiten Weltkriegs hineingezogen. Jegliche Produktion von Zivilflugzeugen musste umgehend zu Gunsten von Kriegsgerät gestoppt werden.

So hob die Constellation am 9. Januar 1943 in der Militärausführung C-69 vom Lockheed Air Terminal im kalifornischen Burbank zu ihrem Jungfernflug ab. Das Kommando über den Prototypen mit der Baunummer 1961 und dem Kennzeichen NX25600 hatte Boeing-Cheftestpilot Edmund T. Allen. Lockheed hatte ihn auf Grund seiner Erfahrung mit Großflugzeugen eigens für die Constellation-Flugversuche vom Konkurrenten in Seattle ausgeliehen. Lockheed-Cheftestpilot Milo Burcham assistierte Allen auf dem Kopilotensitz. Weitere Crew-Mitglieder waren der Flugingenieur R.L. Thoren sowie der Mechaniker Dick Stanton. Als Beobachter saß zudem Lockheed-Chefentwickler Kelly Johnson im gut gefüllten »Connie«-Cockpit.

Die C-69 ließ sich auf Anhieb so gut beherrschen, dass das Erprobungsteam am ersten Tag gleich zu sechs Testflügen mit einer Gesamtflugzeit von zwei Stunden und neun Minuten abhob! Weitere Erprobungsflüge folgten, bis alle Maschinen am 20. Februar 1943 ein vorläufiges Flugverbot erhielten. Testpilot »Eddy« Allen war mit dem Prototyp der Boeing B-29 Superfortress tödlich verunglückt, deren Absturzursache schnell auf einen fatalen Designfehler der Wright R-3350 Motoren zurückgeführt werden konnte. Und so musste auch die indirekt betroffene C-69 am Boden bleiben. Die Wartezeit auf verbesserte Triebwerke überbrückte Lockheed mit umfangreichen Modifikationen an der Maschine, bis das Eintreffen neuer R-3350 Triebwerke die Wiederaufnahme der Flugtests im Juni 1943 ermöglichte.

Im Juli 1943 übergab Lockheed das Testflugzeug zwar offiziell an die United States Army Air Force (USAAF), erhielt es jedoch umgehend für Testflüge am Werkflugplatz in Burbank zurück. Weitere Monate vergingen, bis Howard Hughes und Jack Frye persönlich den zweiten Prototypen der C-69 in vollen TWA-Farben vom Lockheed Air Terminal in die US-Hauptstadt Washington D.C. überführten. Hughes und Frye legten die Strecke am 17. April 1944 in einer Rekordzeit von sechs Stunden und 58 Minuten nonstop zurück. Die durchschnittliche Fluggeschwindigkeit betrug 533,06 Kilometer pro Stunde. Damit brach Hughes seinen sieben Jahre zuvor aufgestellten, transkontinentalen Geschwindigkeitsrekord knapp um 5,31 km/h. Wozu 1937 nur ein hoch gezüchtetes Rennflugzeug vom Typ Hughes H-1 im Stande war, konnte nun ein Transportflug-

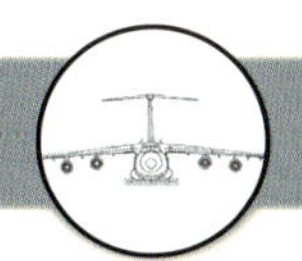

Die Lockheed C-69 Constellation kam unter anderem als Transporter beim Military Air Transport Service (MATS) der U.S.-Streitkräfte zum Einsatz. (Lockheed Martin)

zeug aus der Serienproduktion unterbieten. Einen überzeugenderen Beleg für den Fortschritt im Flugzeugbau und die Leistungsfähigkeit der »Connie« sowie ihrer Flugmotoren konnte es nicht geben.

Bis zum Frühjahr 1945 war die USAAF-Order auf 73 bestellte C-69 angewachsen von denen bis zum Waffenstillstand 23 Exemplare die Endmontage verließen. Mit Kriegsende annullierte das US-Militär jedoch seinen Auftrag über die restlichen 50 Maschinen. Lockheed stand nun vor der Wahl eine neue Zivilversion der C-69 zu entwickeln, die erst ein paar Jahren später verfügbar sein würde, oder die in verschiedenen Bau- und Planungsphasen stehenden C-69 aus der gestrichenen Militärbestellung in Zivilflugzeuge umzurüsten. Bob Gross entschied sich für letztere Alternative. Diese konvertierten C-69 erhielten am 11. Dezember 1945 ihre zivile US-Zulassung als Lockheed L-049.

Ende 1945 begann die Auslieferung dieser Konvertiten an die beiden Erstkunden aus Vorkriegstagen: TWA und PAA. Weitere Maschinen gingen an American Overseas Airlines, Air France, BOAC und KLM. Eine L-049 Constellation der PAA-Tochtergesellschaft Panair do Brasil war am 16. April 1946 das erste Flugzeug einer ausländischen Fluglinie, das auf der Runway des erst wenige Tage zuvor eingeweihten London Airport aufsetzte. Jener Flughafen, der über die Jahrzehnte als »Heathrow« zum Inbegriff für interkontinentalen Luftverkehr wurde. Wieder war es eine L-049, mit der BOAC erstmals am 28. Mai 1946 von London aus auf dem gemeinsam mit QANTAS angebotenen »Känguru«-Service Richtung Australien abhob. Reisezeit: fast 60 Stunden! Pan American Airways gab sich schließlich erstmals am 1. Juni mit Ankunft ihres L-049 »Clipper London« aus New York im Constellation-Premierenjahr 1946 erstmals in London die Ehre. Von der L-049, über die L-649 und L-749 führte die Entwicklung schließlich zur L-749A als leistungsfähigstes Muster der ursprünglichen Constellation-Baureihe. Sie besaß noch stärkere Motoren, eine größere Reichweite und höhere Startgewichte im Vergleich zu ihren Vorgängerinnen. Weiter verbesserte Motoren ermöglichten schließlich den Bau der L-1049 Super Constellation und L-1649A Starliner. Das ursprünglich aus dem Jahr 1939 stammende Design des Kelly Johnson verfügte über ein so großes Entwicklungspotential, dass es selbst gestreckt, mit neuen Flügeln versehen und Turboprop-Motoren ausgerüstet werden konnte. Insgesamt verließen 856 Exemplare der wohl schönsten Ikone des Flugzeugbaus zwischen 1943 und 1958 die Endmontagelinie im kalifornischen Burbank.

Start einer C-130 im September 1966 von einem Stützpunkt der amerikanischen Armee inmitten des Vietnamkriegs. (Sammlung Dr. John Provan)

Unterschiedliche Bemalungsvarianten der C-130 der italienischen Luftwaffe. (Sammlung Dr. John Provan)

Eine C-130E der türkischen Luftwaffe. (Sammlung Dr. John Provan)

Nach Ende des Pathfinder-Manövers in Kitzingen verlegen die daran teilnehmenden Bataillone am 25. Juli 1969 mit Lockheed C-130 zurück in die USA. (Sammlung Dr. John Provan)

Die C-141 StarLifter ging auf eine Forderung nach einem Transporter mit Strahlantrieb der U.S. Air Force aus dem Jahr 1960 zurück. Sie war das erste Serienflugzeug, das vollständig von den Ingenieuren der 1951 gegründeten Lockheed-Georgia Company in Marietta, Georgia, entworfen wurde. (U.S. Air Force)

Die Geschichte der Lockheed C-5 Galaxy

Im Jahre 1961 begannen mehrere Flugzeughersteller mit Studien zur Entwicklung eines schweren logistischen Jet-Transportflugzeugs, das die alternde Douglas C-133 ersetzen und deren Fähigkeiten erweitern sowie die bestehende Flotte von C-141-Transportflugzeugen mit Strahlantrieb ergänzen sollte. Das Flugzeug sollte Nutzlasten im Bereich von 100 000 bis 200 000 Pfund über interkontinentale Entfernungen transportieren und von halbpräparierten Landebahnen aus operieren können.

Die Armee wollte mehr als die C-141 Starlifter – ein Transportflugzeug, das in der Lage war, 4.000 nautische Meilen mit einer Mindestnutzlast von 135.000 Pfund zu fliegen, also etwa doppelt so viel wie die C-141. Der Rumpf sollte 15 Fuß breit sein, um sperrige Armeeausrüstung zu transportieren, und das Flugzeug sollte in der Lage sein, sowohl Fracht als auch Truppen per Fallschirm abzusetzen. Zu dieser Zeit dachte die Luftwaffe über einen neuen Mehrzweck-Transporter mit langer Reichweite nach, der die C-141 ergänzen sollte. Im Oktober 1961 erhielt der Military Air Transport Service (MATS) vom Hauptquartier der Air Force eine Qualitative Operational Requirement (QOR) für ein Nachfolgemodell der Turboprop-Maschine Douglas C-133, die zwar eine strategische Rakete in ihrem Frachtraum unterbringen konnte, aber unzuverlässig war, wie mehrere unerklärliche Abstürze zeigten, und nicht leicht zu warten. MATS-Beamte kamen zu dem Schluss, dass das neue Transportmittel vor Mitte 1967 verfügbar sein sollte und dass etwa 160 der neuen Flugzeuge benötigt würden, um einen begrenzten Kriegseinsatz auf einem einzi-

Douglas C-124 Globemaster, Lockheed C-130 und eine C-5 Galaxy auf der Rampe der Rhein/Main Air Base. (Sammlung Dr. John Provan)

Mit diesem Vorschlag ging Boeing in das Rennen um den Auftrag eines Großtransporters der U.S. Air Force, aus dem Lockheed mit der C-5 als Siegerin hervorging. (Sammlung des Autors)

gen Schauplatz zu unterstützen, und mehr im Falle eines gleichzeitigen Notfalls anderswo.

Im August 1962 wurde das vorgeschlagene Transportflugzeug, das zu diesem Zeitpunkt als Programm CX-4 bezeichnet wurde, jedoch von der Armee abgelehnt, die der Ansicht war, dass es keinen »bedeutenden Fortschritt« gegenüber der C-141 darstelle. Am 20. Juni 1963 gab die Luftwaffe eine andere Version der CX-4 frei, die dem Heer das Gewünschte versprach. Ende Oktober 1963 sah das CX-X-Konzept ein Bruttogewicht von 550.000 Pfund, eine maximale Nutzlast von 180.000 Pfund, eine Höchstgeschwindigkeit von Mach 0,75 und eine Reichweite von 5.000 nautischen Meilen bei einer Nutzlast von 115.000 Pfund vor. Der Frachtraum wäre mit einer Breite von 17 1/5 Fuß, einer Höhe von 13 1/2 Fuß und einer Länge von 100 Fuß groß und durch Türen an der Vorder- und Rückseite zugänglich.

Die Ausschreibungen für das schwere Logistiksystem (CX-HLS), wie die CX-X nun genannt wurde, gingen am 27. April 1964 an potenzielle Auftragnehmer für Zelle und Antrieb. Die neue CX-HLS war mit nur vier Motoren ausgestattet, statt mit sechs wie bei der CX-4. Am 18. Mai 1964 gingen Vorschläge für die Zelle von der Boeing Company, der Douglas Aircraft Company, der General Dynamics Cor-

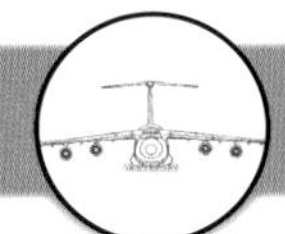

Diese Aufnahme verdeutlicht den Größenunterschied zwischen der bereits imposanten C-141 im Vordergrund und der gigantischen Galaxy. (Sammlung Dr. John Provan)

Treffen der Giganten in Frankfurt. C-141 im Vordergrund, dahinter eine zur Startbahn rollende C-5 sowie eine Boeing 747 der British Airways kurz nach dem Aufsetzen. (Sammlung Dr. John Provan)

Rund drei Jahrzehnte Entwicklung im Flugzeugbau liegen zwischen der Douglas C-47 »Skytrain« im Vordergrund und der Lockheed C-5. (Sammlung Dr. John Provan)

Eine Galaxy schwebt über einer Boeing 747 der Lufthansa zur Landung in Frankfurt ein. (Sammlung Dr. John Provan)

Um eine verschneite C-5 zu enteisen reicht ein Spezialfahrzeug nicht aus. (Sammlung Dr. John Provan)

poration, der Lockheed-Georgia Company und der Martin Marietta Corporation ein; die General Electric Company, die Curtiss-Wright Corporation und die Pratt and Whitney Aircraft Division der United Aircraft Corporation reichten Triebwerksvorschläge ein. Die Air Force betonte, dass das Programm, obwohl es auf eine relativ kleine Erstbeschaffung beschränkt wäre, letztendlich bis zu 200 Flugzeuge umfassen könnte.

Nach dem Konstruktionswettbewerb erhielten Boeing, Douglas und Lockheed Aufträge zur Weiterentwicklung ihrer Entwürfe. Gleichzeitig erhielten General Electric und Pratt & Whitney Aufträge für die Entwicklung von Turbofan-Triebwerken mit hohem Bypass-Verhältnis, die das neue Flugzeug antreiben sollten. Das Gewicht des Flugzeugs sollte in der Größenordnung von 700.000 Pfund liegen, und der für die neuen Triebwerke erforderliche Schub lag bei etwa 40.000 Pfund.

Alle drei Entwürfe der Industrie sahen Hochdeckenkonfigurationen mit vier großen Mantelstromtriebwerken in den Gondeln unter den Flügeln sowie vordere und hintere Türen mit Rampen für das Be- und Entladen im Durchfluss vor. Die Boeing- und Douglas-Konstruktionen hatten konventionelle Leitwerke, während die Lockheed-Konstruktion ein T-Leitwerk aufwies. Der von Boeing vorgelegte C-5-Entwurf erwies sich bei den in Langley durchgeführten transsonischen Windkanaltests als aerodynamisch überlegen. Die Erfahrungen von Boeing mit dem C-5-Wettbewerb in Verbindung mit der Vision des Boeing-Managements von der Marktfähigkeit ziviler Jumbo-Transportflugzeuge (und dem Interesse von Pan American Airlines) führten zur Entwicklung der Boeing 747, die es Boeing ermöglichte, den Weltmarkt mit einer neuen Produktlinie zu beherrschen. Obwohl es sich bei der 747 um ein völlig neuartiges Flugzeugdesign handelte (Tiefdecker, Passagierflugzeug für den zivilen Einsatz), ist der allgemeine Einfluss der Konfiguration des früheren C-5-Kandidaten deutlich erkennbar.

Die Auswahl der General Electric Company für die Entwicklung des Triebwerks wurde im August 1965 bekannt gegeben.

Am 30. September 1965 gab Verteidigungsminister McNamara bekannt, dass Lockheed den Zuschlag für die Produktion der ersten Tranche des Programms erhalten hatte – 58 Flugzeuge des Produktionslaufs A. Dem genehmigten Kauf von 58 C-5As, bekannt als Produktionslauf A, würde mit ziemlicher Sicherheit die Beschaffung von weiteren 57 C-5As folgen, die als Produktionslauf B bezeichnet wurden. Die Auftragsvergabe kam für Lockheed zu einem kritischen Zeitpunkt, denn die Produktion der C-141 stand kurz vor dem Aus und es drohte die Schließung des riesigen, in staatlichem Besitz befindlichen Werks in Marietta, das Lockheed gepachtet hatte, was für den Bundesstaat Georgia einen schweren wirtschaftlichen Schlag bedeutete.

Beladung einer C-5A auf der Rhein/Main Airbase. (Sammlung Dr. John Provan)

Eine ganze amerikanische Kunstflugstaffel kehrte in den 70er-Jahren an Bord einer C-5 von Frankfurt aus in die USA zurück. (Sammlung Dr. John Provan)

Am 5. August 1979 hatten die Besucher der Airshow auf der Ramstein Air Force Base Gelegenheit eine C-5A zu durchwandern. (Sammlung Dr. John Provan)

Wie viele Menschen passen in eine C-5A? Diese Frage konnte auf der Ramstein Air Show im Jahr 1976 geklärt werden. (Sammlung Dr. John Provan)

Bei der ursprünglichen Konstruktion der C-5 führte Lockheed ein aggressives Programm zur Gewichtsreduzierung durch, um die Leistungsanforderungen zu erfüllen. Das Gewicht der Tragfläche wurde durch die Verwendung höherer Spannungswerte und die Verringerung der Dicke der Hauptkomponenten reduziert. Anfang 1967 erkannten die Verantwortlichen der Air Force, dass die Belastungswerte der Tragflächen des neuen Transportflugzeugs nur wenig Spielraum für eine mögliche statische Überlastung oder die Auswirkungen von Metallermüdung ließen. Die höheren Belastungswerte erwiesen sich als Problem, und bei Ermüdungstests am Boden im Juli 1969 wurden frühzeitig Risse in den Tragflächen festgestellt. Lockheed erklärte sich bereit, das Problem in Angriff zu nehmen, aber die folgenden Ereignisse zeigten, dass der Auftragnehmer entweder nicht willens oder nicht in der Lage war, das Problem zu lösen. Mitte 1970, als die Ermüdungserscheinungen an den Tragflächen auftraten, wurde gerade die vierzigste C-5A zusammengebaut, und Lockheed-Mitarbeiter bearbeiteten bereits Tragflächenteile für die sechzigste Zelle. Die zahlreichen strukturellen Probleme der C-5A würden die Lebensdauer des Flugzeugs auf ein Viertel der vom Military Airlift Command angestrebten 30.000 Flugstunden begrenzen.

In den Jahren 1968 und 1969 wurde bei den Tests der ersten beiden Flugzeuge festgestellt, dass das Hauptfahrwerk nicht richtig funktionierte. Lockheed führte die Fehlfunktion des Fahrwerks auf die »Übergangskonfiguration« der ersten beiden C-5A zurück, die als Testflugzeuge eingesetzt wurden. Bei den nächsten Flugzeugen traten jedoch ähnliche Probleme auf. Die Behebung der Mängel am Fahrwerk dauerte mehrere Jahre. Am 06. Juni 1970 flog General Jack Catton, der MAC-Kommandant, die erste einsatzfähige C-5A zur Charleston AFB. Beim Aufsetzen des Flugzeugs platzte ein Reifen an einem der Hauptfahrwerke, und ein Rad löste sich von einem anderen Fahrwerk und hüpfte wild die Landebahn hinunter – ein besonders peinliches Missgeschick, da es vor einer Versammlung von Militärs und zivilen Beamten geschah.

Im November 1968 war der geschätzte Preis für das C-5A-Programm auf über 5 Milliarden Dollar gestiegen, was etwa 43 Millionen Dollar für jedes der 115 Flugzeuge entsprach. Mitte 1973, als die Gesamtproduktion der C-5A bei 81 Flugzeugen endete, berechnete die Aeronautical Systems Division des Air Force Systems Command zwei Zahlenreihen für das C-5A-Programm. In der ersten wurde ein Stückpreis von 46,92 Millionen Dollar festgelegt, der den Gesamtbetrag darstellte, der an Lockheed für jede C-5A gezahlt wurde, unabhängig vom Zustand des Flugzeugs. Eine zweite Zahl (die gültige) errechnete einen Stückpreis von 55,37 Millionen Dollar, der die zusätzlichen 9,45 Millionen Dollar enthielt, die die Air Force für jede einzelne C-5A für Modifikationen ausgeben musste. Die Gesamtkosten für Verbesserungen, logistische Unterstützung, Bodenausrüstung für die Luft- und Raumfahrt und die Auffüllung der Ersatzteilbestände für die nächsten fünf Jahre brachten die Gesamtkosten für 81 Flugzeuge auf 4,48 Milliarden Dollar, eine Milliarde mehr als ursprünglich vereinbart, und das für 31 Flugzeuge weniger.

Als John F. Kennedy Senator war, gehörte er dem Gemeinsamen Wirtschaftsausschuss an. Er sagte, es sei der »beste Spaßausschuss« des Senats. Man kann sich in jedes Thema einarbeiten. Das größte Spiel in der Stadt, was die Ausgaben betraf, war das Verteidigungsministerium. Dies hatte natürlich enorme wirtschaftliche Auswirkungen. Die Kostenüberschreitungen bei der C-5A, die technischen Probleme und das Verschweigen dieser schlechten Nachrichten wurden öffentlich bekannt, als A. Ernest Fitzgerald, ein ziviler Kostenanalytiker und Stellvertreter von Leonard Mark, dem stellvertretenden Sekretär für Finanzmanagement der Air Force, ab November 1968 vor dem Kongress über die C-5A aussagte. Senator William Proxmire führte die Beschwerden über die steigenden Kosten des neuen Transportflugzeugs an.

Ernest Fitzgerald entfachte das Feuer der Opposition nicht nur mit seiner ersten Aussage am 13. November 1968, er schürte es auch in drei weiteren Auftritten vor dem von Senator Proxmire geleiteten Joint Economic Subcommittee. Im November 1968 bestätigte Fitzgerald etwas widerwillig die Annahme von Senator Proxmire, dass die Production Runs A und B, der Kauf von 115 C-5As und ihrer Ersatzteile etwa 5,2 Milliarden Dollar kosten würden, fast 2 Milliarden Dollar mehr als von der Air Force 1965 geschätzt.

Kritiker sagten, Ernie habe sich verplappert, dass die Kosten für die C-5A um zwei Milliarden Dollar überschritten worden seien, und er sei der Luftwaffe gegenüber illoyal. Ernie leugnete das nicht, aber das ist nicht ganz richtig. Was wirklich geschah, war, dass Richard Kaufman vom Joint Economic Committee im Pentagon über die C-5A informiert worden war und während der Unterrichtung über die Tatsache gestolpert war, dass es eine Überschreitung von zwei Milliarden Dollar gab.

Als Ernie also aussagen sollte, wurde er dazu befragt. Wenn Sie das Protokoll lesen, werden Sie feststellen, dass Ernie mehrmals widersprochen hat. Er war nicht bereit, dies zu bestätigen. Schließlich fragte Proxmire ihn, ob die Kosten für die C-5A um zwei Milliarden Dollar überschritten worden seien, worauf Ernie schließlich mit Ja antwortete, was der Wahrheit entsprach. Er hatte nicht vor zu lügen.

Fotokunst mit Einwinker und einer C-5. (Sammlung Dr. John Provan)

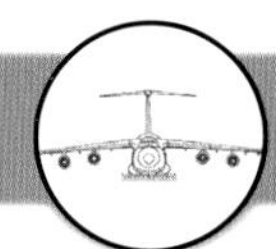

Ernie ist ein Held und verdient jede Menge Anerkennung, er wurde entlassen und wieder eingestellt. Das Verteidigungsministerium versuchte, Ernie einen Maulkorb zu verpassen oder ihn zu bestrafen, weil er vor dem gemischten Wirtschaftsausschuss ausgesagt hatte. Es gibt ein Gesetz, das es einem Ministerium oder einer Behörde verbietet, einen Mitarbeiter zu bestrafen, wenn er vor dem Kongress aussagt. Der Kongress muss in der Lage sein, Informationen zu erhalten und sich selbst zu schützen.

Die Nixon-Regierung beschloss, die Gesamtbeschaffung der C-5A von 115 auf 81 Flugzeuge zu reduzieren. Am 06. Mai 1971 kündigte Finanzminister Connally an, dass Präsident Nixon den Kongress um eine Darlehensgarantie in Höhe von 250 Millionen Dollar bitten würde, um einen möglichen Konkurs von Lockheed abzuwenden.

Die erste C-5A wurde im Dezember 1969 an die Transitional Training Unit auf der Altus Air Force Base, Oklahoma, ausgeliefert. Die ersten einsatzfähigen C-5 wurden im Juni 1970 an das 437th Military Airlift Wing, Charleston Air Force Base, S.C., ausgeliefert. Im September 1970 erreichte die erste Staffel des Military Airlift Command (MAC) auf der Charleston Air Force Base (AFB), South Carolina, die erste Einsatzfähigkeit. Die IOC verzögerte sich um mehr als ein Jahr gegenüber dem ursprünglichen Zeitplan und um mehrere Monate gegenüber dem revidierten Termin vom 17. Dezember 1969, als das MAC seine erste C-5A in Empfang nahm. Bei den einsatzbereiten C-5A in Charleston traten zudem erhebliche Probleme mit dem Fahrwerk auf, so dass die Inbetriebnahme des Geschwaders auf September verschoben werden musste.

Im Dezember 1984 wurde das 433rd Tactical Airlift Wing (jetzt 433rd Military Airlift Wing) auf der Kelly Air Force Base, Texas, das erste Geschwader der Luftwaffenreserve, das mit C-5 Galaxies ausgestattet wurde.

Die Lockheed C-5 kurz und knapp

Lockheed-Georgia Co. lieferte die erste einsatzfähige C-5A Galaxy im Juni 1970 an das 437th Airlift Wing, Charleston AFB, South Carolina, aus. Im März 1989 wurden die letzten 50 C-5B übergeben, zusätzlich zu den bereits vorhandenen 76 C-5A im Lufttransportbestand der Air Force. An der C-5B wurden mehr als 100 zusätzliche Systemänderungen vorgenommen, um die Zuverlässigkeit und Wartungsfreundlichkeit zu verbessern. Darüber hinaus wurden im Haushaltsjahr 1989 zwei C-5C mit modifizierter Raumfracht (SCM) ausgeliefert. Die Modifikation umfasste die Entfernung des Truppenraums, die Neugestaltung der hinteren Drucktür und des Schotts sowie die Verbreiterung der hinteren Türen, damit das Flugzeug den großen Frachtcontainer des Space Shuttles transportieren konnte. Die beiden SCM C-5C wurden der Travis AFB, Kalifornien, zugewiesen.

Auf der Grundlage einer Studie, die ergab, dass 80 Prozent der Lebensdauer der C-5 verbleiben, begann das Air Mobility Command 1998 ein aggressives Modernisierungsprogramm für die C-5. Das C-5 Avionics Modernization Program (AMP) umfasste die Aufrüstung der Avionik zur Verbesserung der Kommunikation sowie die Aufrüstung der Navigations-, Überwachungs- und Luftverkehrsmanagementsysteme, um die Einhaltung nationaler und internationaler Luftraumanforderungen zu gewährleisten. Außerdem wurden neue Sicherheitsausrüstungen hinzugefügt und ein neues Autopilotsystem installiert.

Ein weiterer Teil des C-5-Modernisierungsplans war ein umfassendes Programm zur Verbesserung der Zuverlässigkeit (Reliability Enhancement and Re-engining Program - RERP). Die letzte der 52 C-5 der Luftwaffe schloss die RERP-Modifikation im Haushaltsjahr 2018 ab. Der Rest der C-5-Flotte wurde im September 2017 in den Ruhestand versetzt.

Die Triebwerke der C-5-Flugzeuge wurden von vier TF-39-Triebwerken von General Electric auf CF6-80C2-L1F (F-138) von General Electric umgerüstet. Dieses Triebwerk bietet einen um 22 Prozent höheren Schub, eine um 30 Prozent kürzere Startrollstrecke, eine um 58 Prozent schnellere Steigrate und ermöglicht die Beförderung von deutlich mehr Fracht über längere Strecken. Mit den neuen Triebwerken und anderen Systemverbesserungen wurden die im Rahmen des RERP modifizierten C-5A/B/C zu C-5M Super Galaxies. Durch dieses Modernisierungsprogramm wurde die C-5-Flotte auch leiser (gemäß Stufe 4 der Federal Aviation Administration), die Zuverlässigkeit und Wartungsfreundlichkeit des Flugzeugs wurde verbessert, die strukturelle und systemtechnische Inte-grität wurde aufrechterhalten, die Betriebskosten wurden gesenkt und die Einsatzfähigkeit bis weit ins 21. Jahrhundert verlängert. Mit Blick auf die Zukunft umfassen die Modernisierungsbemühungen die Integration von fortschrittlichem Wetterradar, Missionscomputern, Kommunikationssystemen und Flugverkehrsmanagement, um die FAA-Vorgaben zu erfüllen und die Überlebensfähigkeit im Einsatz zu gewährleisten.

C-130 und C-5 im Tarnschema. (Sammlung Dr. John Provan)

Auf der Air Show der Rhein/Main Air Base des Jahres 1984 verteilt C-5A-Pilot Infomaterial an die Besucher. (Sammlung Dr. John Provan)

Der letzte Flug als Galaxy-Kommandant von LTC Robert W. Hansen am 5. März 1977, vor seiner Verabschiedung in den Ruhestand. (Sammlung Dr. John Provan)

Beladung von schwerem Gerät ist für die Galaxy tägliche Routine. (Sammlung Dr. John Provan)

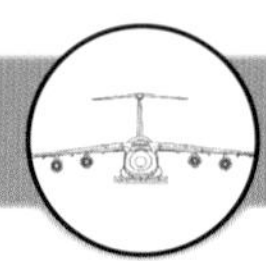

Die Rauchfahnen der vier Triebwerke deuten darauf hin, dass diese C-5 voll beladen abgehoben hat. (Sammlung Dr. John Provan)

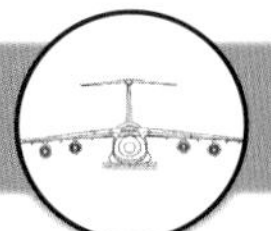

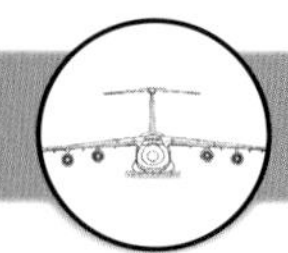

Rundflug über eine C-5A auf der Ramstein Air Force Base im Jahr 1978. (Sammlung Dr. John Provan)

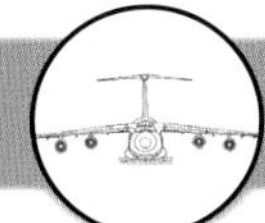

Das Design der Lockheed C-5 Galaxy

Die C-5A ist ein Hochdecker, bei dem die Flügel oben am Rumpf angebracht sind. Das Flugzeug ist mit vier Triebwerken ausgestattet, die in Gondeln an der Unterseite der Tragflächen angebracht sind, ähnlich wie bei den Flugzeugen 707 und DC-8. Die TF-39-Triebwerke von General Electric, die das Flugzeug antreiben, entwickeln einen Startschub von jeweils 41.000 Pfund und haben ein Nebenstromverhältnis von 8,0. Der Gasgenerator dieses Triebwerks dient als Grundlage für das zivile Triebwerk CF6 von General Electric.

Zu den besonderen Merkmalen der C-5 gehören die vordere Frachttür (Visier) und die Rampe sowie das hintere Frachttürsystem und die Rampe. Diese Merkmale ermöglichen das Be- und Entladen im Drive-on/Drive-off-Verfahren sowie das Be- und Entladen von beiden Enden des Frachtraums aus. Die Kniefähigkeit der C-5 erleichtert und beschleunigt diese Vorgänge auch dadurch, dass der Frachtraumboden um etwa 1,5 bis 1,5 Meter abgesenkt wird. Diese Position senkt die Frachtrampen für die Beladung von LKWs auf den Boden ab und verringert den Rampenwinkel beim Be- und Entladen von Fahrzeugen. Der Boden der C-5 hat keine Trittflächen. Der »Bodendruck« ist über den gesamten Boden gleich. Die C-5A/B kann bis zu sechsunddreißig 463L-Paletten transportieren. Die C-5 kann spezielle Lasten wie große Raketen transportieren, deren Transport per Schiff, Bahn oder Pritschenwagen zusätzliche Zeit, Arbeitskräfte und Geld erfordern würde.

Der Flügel mit einer Streckung von 8,0 ist an der Viertelsehne um 25° geneigt und mit einseitig geschlitzten

Dieser Prospekt wurde von Lockheed anlässlich der C-5A-Einführung im Jahr 1970 produziert. (Sammlung Dr. John Provan)

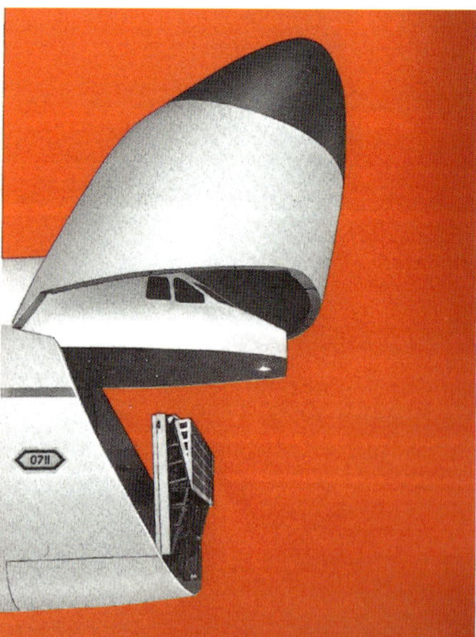

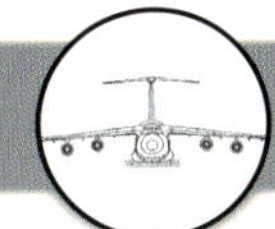

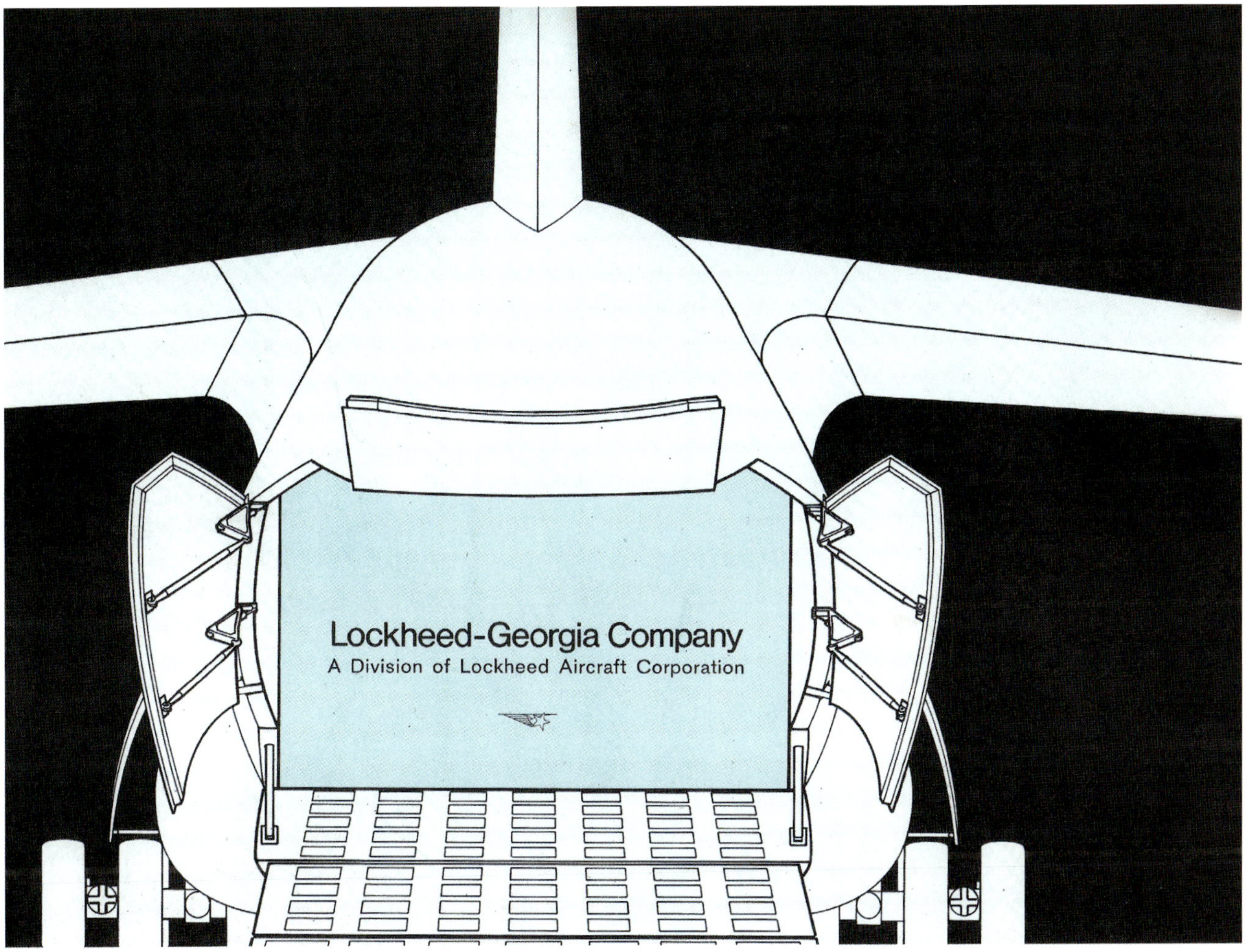

Lockheed-Georgia Company
A Division of Lockheed Aircraft Corporation

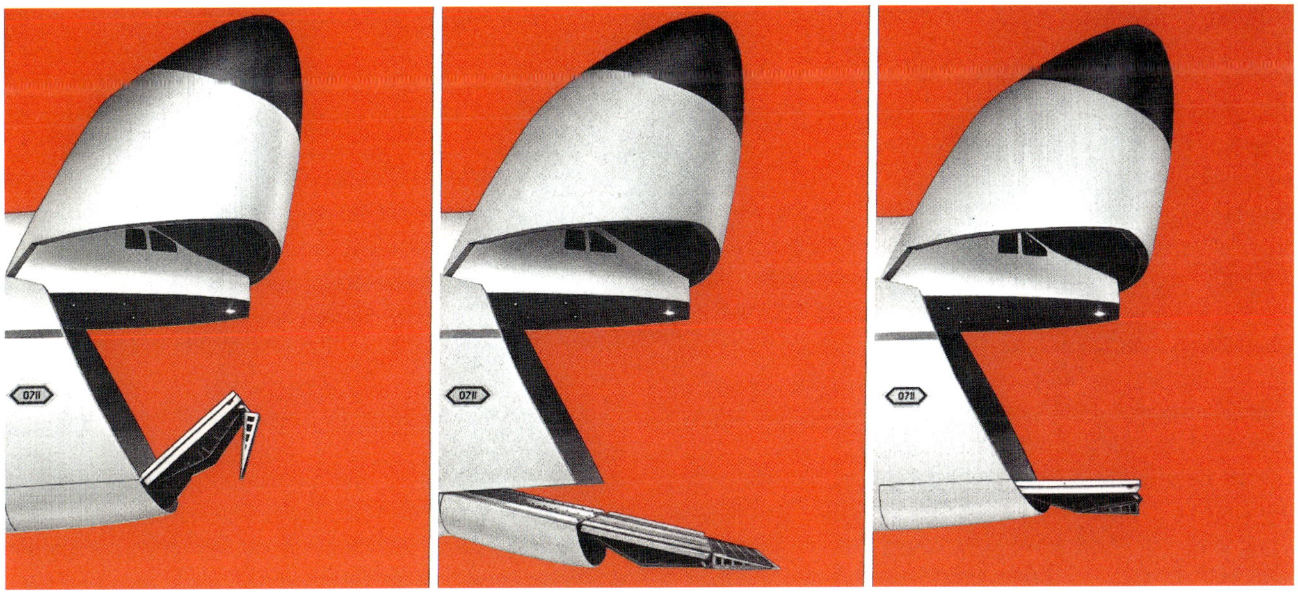

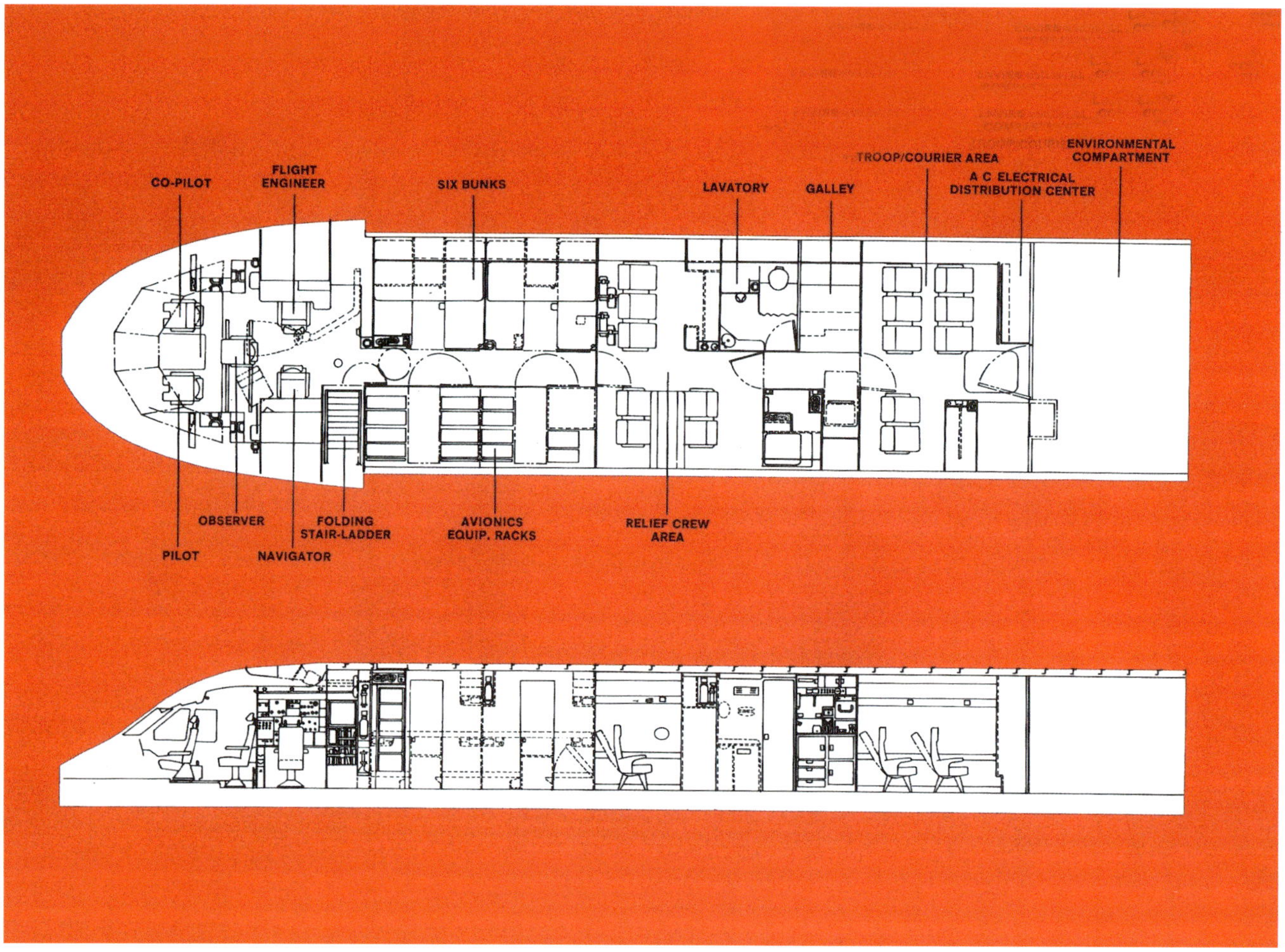

Grafische Innenraum-Darstellung der C-5A aus dem Lockheed-Prospekt von 1970. (Sammlung Dr. John Provan)

Klappen vom Typ Fowler und Vorflügeln an der Vorderkante ausgestattet. Die seitliche Steuerung erfolgt über eine Kombination aus Querrudern und Spoilern. Die Querruder werden auch eingesetzt, um die Biegemomente des Flügels zu reduzieren, wenn das Flugzeug durch Manöver oder Böen normal beschleunigt wird. Bei dieser Technik, die als aktives Lastverteilungssystem (ALDCS) bezeichnet wird, werden die Querruder als Reaktion auf Signale von Beschleunigungsmessern, die sich an verschiedenen Stellen des Flugzeugs befinden, symmetrisch ausgelenkt. Bei einer positiven Beschleunigung werden die Querruder nach oben ausgelenkt, wodurch die Last nach innen verlagert und somit die Biegemomente an der Flügelwurzel reduziert werden. Es ist zu erwarten, dass diese Technik in vielen neuen Flugzeugkonstruktionen Anwendung finden wird.

Das Leitwerk besteht aus einem horizontalen Leitwerk, das in T-Stellung an der Spitze des gepfeilten Seitenleitwerks angebracht ist. Diese Anordnung führt zu einer Gewichtsersparnis gegenüber einer Anordnung mit niedriger Höhe. Das Höhenleitwerk besteht aus Höhenrudern und einem verstellbaren Stabilisator. Es sind keine Trimmklappen vorgesehen.

Die Hochflügellage der C-5A ist für ein Frachtflugzeug vorteilhaft, da Lastwagen und andere Ausrüstungsgegenstände unter die Tragfläche geschoben werden können und die Unterseite des Rumpfes nahe an den Boden gebracht werden kann, um das Beladen zu erleichtern, ohne die Triebwerke zu beeinträchtigen. Eine Hecktür, die im abgesenkten Zustand als Laderampe dient, wird von der Unterseite des nach oben gebogenen hinteren Rumpfteils aus geöffnet. Durch die Nähe des Rumpfbodens zum Boden ergibt sich eine Rampe mit nur geringer Neigung zum Boden, so dass Fahrzeuge leicht in das Flugzeug gefahren oder geschoben werden können. Die Hecktür dient auch zum Absetzen von Fahrzeugen und Ausrüstungsgegenständen aus der Luft per Fallschirm. Der Rumpf ist mit einer vorderen Ladetür in der Nase des Flugzeugs ausgestattet. Die Tür hat die Form eines Visiers und lässt sich nach oben und über

das Flugdeck heben. Der gesamte Querschnitt des Frachtraums liegt frei, wenn das Bugvisier hochgeklappt ist.

Die Länge des Frachtraums der C-5A beträgt ohne die Laderampen etwa 121 Fuß und die maximale Breite 19 Fuß. Die Höhe des Frachtraums beträgt 13,5 Fuß. Neben dem unteren Frachtraum verfügt der Rumpf auch über ein Oberdeck, das in drei Abschnitte unterteilt ist. Im vorderen Teil befindet sich das Flugdeck, an das sich ein Ruheraum für 15 Personen anschließt, der in der Regel von Ablösungsbesatzungen genutzt wird. Die fünfköpfige Flugbesatzung besteht aus dem Piloten, dem Kopiloten, dem Flugingenieur, dem Navigator und dem Lademeister. Hinter dem Ruheraum befindet sich ein Passagierraum, der Platz für 75 voll ausgerüstete Soldaten bietet. Der untere Frachtraum kann auch für den Truppentransport genutzt werden; zu diesem Zweck kann das Flugzeug 270 Soldaten befördern. Sowohl der untere Frachtraum als auch das Oberdeck sind vollständig druckbeaufschlagt.

Vier Turbofan-Triebwerke, die auf Pylonen unter den Tragflächen montiert sind, treiben die C-5 an. Jede Triebwerksgondel ist fast 8,2 Meter lang, wiegt 3.555 Kilogramm und hat einen Lufteinlassdurchmesser von mehr als 2,6 Metern. Die vier Axialtriebwerke TF39-1A von General Electric, jedes mit einem Durchmesser von 16 Fuß und einer Schubkraft von 41.000 Pfund, können genug Strom für eine Stadt mit 50.000 Einwohnern erzeugen.

Mit der maximal zulässigen Nutzlast und ohne Luftbetankung konnte die C-5A 3.250 Seemeilen weit fliegen, und die Reichweite der Fähre war mehr als doppelt so groß. Mit einer Luftbetankung, wenn diese Technik erlaubt war, konnte das Flugzeug mit seiner maximalen Zuladung fast jeden Punkt der Erde erreichen.

Das Flightdeck der C-5A des Air Mobility Command Museums auf der Dover Air Force Base. (Air Mobility Command Museum)

Eine C-5A auf der Ramstein Air Force Base im Jahr 1978. (Sammlung Dr. John Provan)

Besuchermengen strömen zu dem riesigen Flugzeug, um einen Blick ins Innere des Laderaums zu werfen. (Sammlung Dr. John Provan)

NAVY
U.S. AIR FORCE

Start einer C-5A im Jahr 1971. (Lockheed Martin)

Die erste Version: C-5

Die C-5A wurde im Rahmen eines völlig neuen Beschaffungskonzepts bestellt, mit dem die Kosten unter Kontrolle gehalten werden sollten, und kostete schließlich ein kleines Vermögen. Ihre Anschaffung im Jahr 1965 hing davon ab, dass sie bis spätestens 1969 einsatzbereit war, aber der Transporter kam erst im August 1971 in Südvietnam zum Einsatz.

Die 81. und letzte C-5A verließ das Lockheed-Werk in Marietta am 31. Januar 1973. Das Military Airlift Command nahm das Flugzeug am 18. Mai 1973 entgegen.

Nachdem das Flugzeug mehrere Jahre im Einsatz war, wurden bei einer Inspektion der Tragflächen eines Flugzeugs mit einer hohen Anzahl von Flugstunden erhebliche Risse festgestellt. Lockheed schlug mehrere Ansätze vor, um die Ermüdungslebensdauer der C-5-Flügel auf ein bestimmtes Niveau von 30.000 Flugstunden zu bringen. Zu diesen Ansätzen gehörten ein aktives Querrudersystem zur Verringerung der Böenbelastung des Flügels, lokale Modifikationen des Flügels zur Verbesserung der Ermüdung und die Umverteilung des Treibstoffs innerhalb des Flügels zur Reduzierung der Biegemomente. Die Tests des aktiven Auftriebsverteilungskontrollsystems (ALDCS) der C-5 im Jahr 1973 bestätigten den Einsatz aktiver Kontrolltechnologie zur Minimierung der aeroelastischen Reaktionen des Flugzeugs. In den Jahren 1975 bis 1977 wurden 77 C-5 mit aktiven Querrudern nachgerüstet. Das aktive System zur Steuerung der Auftriebsverteilung wurde durch eine Neukonstruktion des Flügels ersetzt, die einen neuen Mittelflügel, zwei innere Flügelkästen und zwei äußere Flügelkastenabschnitte umfasste, die aus fortschrittlichen Aluminiumlegierungen hergestellt wurden, die bei der Herstellung der ursprünglichen Flügel in den späten 1960er-

Erstflug des Prototypen der Lockheed C-5 Galaxy. (Lockheed Martin)

und frühen 1970er-Jahren nicht verfügbar waren. Im November 1973 begannen die Arbeiten an der so genannten H-Konfiguration. Bei diesem Entwurf wurden stärkere mittlere und innere Flügelkästen mit einem modifizierten äußeren Flügelkasten verwendet, wobei nur die Vorderkanten, Pylone, Hinterkanten und Klappen des ursprünglichen Flügels beibehalten wurden. Im August 1974 genehmigte John L. McLucas, der neue Minister der Luftwaffe, die H-Modifikation für die C-5A. Obwohl das laufende Umbauprogramm die grundlegende aerodynamische Form des ursprünglichen C-5A-Flügels nicht beeinträchtigen würde, brachten die Änderungen, die zur Verstärkung des Flügels für die H-Konfiguration erforderlich waren, eine Gewichtszunahme von 18.000 Pfund pro Flugzeug mit sich. Dieser Zuwachs betrug weniger als fünf Prozent des Leergewichts der C-5A - oder des Eigengewichts - von 326.962 Pfund, aber er bedeutete eine Verringerung des Nutzlastgewichts und der Treibstoffkapazität der C-5A um den gleichen Betrag. Neben der Verlängerung der Lebensdauer des Flügels auf mindestens 30.000 Flugstunden - dem Hauptziel des Re-Winging - gewährleistete das Programm einen Grad an struktureller Solidität, der die bisherigen Betriebsbeschränkungen aufhob. Zum Beispiel konnte die C-5A nun eine Nutzlast von 190.000 Pfund statt 164.000 Pfund tragen. Anfang 1980 berichtete Luftwaffenminister Hans M. Mark, dass die Tests einer C-5A mit den neuen Flügeln zeigten, dass die Benutzung von nicht verbesserten Landebahnen das Flugzeug wider Erwarten ernsthaft beschädigen könnte.

Bis in die 1980er-Jahre hinein unterlag die C-5A immer strengeren Flugbeschränkungen, da sich die mangelhafte Flügelstruktur verschlechterte, bis sie ersetzt werden musste. Unter diesen Einschränkungen konnte die C-5A nur 174.000 Pfund Fracht befördern, etwa 100.000 Pfund mehr als die C-141, aber 46.000 Pfund weniger als das Konstruktionsziel der Galaxy. Obwohl die Installation eines schwereren neuen Flügels wahrscheinlich verhindern würde, dass das Flugzeug jemals die Auslegungskapazität von 220.000 Pfund erreicht, war das Military Airlift Command entschlossen, die Lebensdauer der C-5A zu verlängern, da ihre Leistung auch mit einer reduzierten Last so beeindruckend blieb. Alle C-5A-Flugzeuge wurden mit den neuen Flügeln ausgestattet. Avco begann im August 1980 mit der Herstellung der Tragflächenteile, und im September wurde mit der maschinellen Bearbeitung der großen Tragflächenteile begonnen. Das gesamte Umrüstungsprogramm verlief reibungslos, und die 76. und letzte umgerüstete C-5A wurde wie geplant Mitte 1987 wieder in die Betriebsflotte aufgenommen.

Das Military Airlift Command über die C-5A

Aus einer Broschüre des militärischen Lufttransportkommandos über die C-5A Galaxy, die in den 1970er-Jahren publiziert wurde:

Die C-5 Galaxy, das größte Flugzeug der Welt, ist fast so lang wie ein Fußballfeld und so hoch wie ein sechsstöckiges Gebäude. Ihr Frachtraum ist 121 Fuß lang, 19 Fuß breit und 13 1/2 Fuß hoch – das entspricht etwa einer Bowlingbahn mit acht Bahnen.

Das Flugzeug ist so groß, dass 17 Exemplare der Galaxy die Berliner Luftbrücke hätten durchführen können – eine Aufgabe, für die 308 kleinere Flugzeuge benötigt wurden.

Mit der Einführung der C-5 haben Planer und Strategen neue Optionen für die Mobilisierung von Streitkräften. Die heutige Kampflufttransportflotte kann fast 100 Prozent der derzeitigen Ausrüstung der Armee transportieren. Mit einer Kombination aus C-5 und C-141 kann das MAC eine ausgewogene Mischung aus Luft- und Bodenkampftruppen (17.000 Mann und 13.000 Tonnen Ausrüstung) in viereinhalb Tagen nach Westeuropa verlegen.

Im Gefechtsfall operiert die C-5 zwischen dem amerikanischen Festland und den rückwärtigen Marschallgebieten. Nach der Lieferung von Männern und Ausrüstung wird das Flugzeug für die ebenso wichtige Aufgabe der Nachschubversorgung eingesetzt. Bis zum Eintreffen von Navy-Logistikschiffen werden Nachschub und Hilfsgüter per Luftfracht in das Einsatzgebiet gebracht.

Die von der Firma Lockheed Georgia gebaute C-5 ist für eine globale Mobilität ausgelegt, die das breiteste Spektrum an Schwierigkeiten bewältigen kann – Geografie, Gelände, Wetter und Dunkelheit.

Obwohl die C-5 in erster Linie für den Transport überdimensionaler militärischer Ausrüstungen konzipiert ist, wurde sie in Hunderten von Spezialeinsätzen eingesetzt, bei denen Ausrüstungsgegenstände wie Raketen transportiert wurden, deren Beförderung per Schiff, Bahn, Pritschenwagen oder kleinerem Flugzeug zusätzliche Zeit, zusätzliche Arbeitskräfte und zusätzliche Kosten erfordern würde.

Mit ihren einzigartigen vorderen und hinteren Frachtöffnungen wird der Frachtraum der Galaxy buchstäblich zu einem 121 Fuß langen Tunnel.

Die Ladefläche der C-5 ist dreimal so groß wie die der C-141 Starlifter und ihr Gesamtvolumen ist viereinhalbmal so groß. Die gesamte Länge des Frachtraums ist mit einem Rollensystem ausgestattet, um eine schnelle Handhabung der palettierten Ausrüstung zu gewährleisten. Eine volle Ladung von 36 Paletten kann in etwa anderthalb Stunden verladen werden.

Die Galaxy kann 100.000 Pfund Fracht mit einer Geschwindigkeit von mehr als 300 Meilen pro Stunde über 6.038 Meilen befördern. Beladen mit fast dem doppelten Gewicht – 186.000 Pfund – legt sie bei der gleichen Geschwindigkeit 3.609 statische Meilen zurück.

Bei ihrer Nachschubmission kann die C-5 eine 100.00-Pfund-Ladung 2.800 Meilen weit transportieren, abladen und die gleiche Strecke ohne Auftanken zurückfliegen.

Die C-5 ist in der Lage, 140.000 Pfund Fracht 8.500 Meilen von Tavis AFB, Kalifornien (in der Nähe von San Francisco) in den Fernen Osten zu transportieren, mit nur einem Tankstopp.

Auf dem Weg nach Osten kann eine C-5 eine Nutzlast von 173.000 Pfund nonstop von Dover AFB, Delaware, nach RAF Mildenhall, England, transportieren.

Eine voll ausgerüstete C-5-Staffel hat die vierfache Kapazität einer C-118-Staffel im Jahr 1963.

Die vier riesigen General Electric TF-39-Triebwerke der C-5 erzeugen eine Schubkraft von jeweils 38.800 Pfund.

Diese Turbofan-Triebwerke sind vorne angebracht, wiegen 9.845 Pfund und sind fast 27 Fuß lang.

Jedes Flugzeug hat eine Kapazität von 318.000 Pfund Treibstoff (49.000 Gallonen) in 12 integrierten Flügeltanks.

Das maximale Startgewicht der Galaxy beträgt 764.500 Pfund – mehr als doppelt so viel wie bei früheren Militärflugzeugen. Dieses Gewicht wird auf das aus 28 Rädern bestehende »High Flotation«-Fahrwerk verteilt. Dieses einzigartige Fahrwerk ermöglicht es dem Flugzeug, sich für die Beladung auf LKW-Ladeflächenhöhe »hinzuknien«. Das System ermöglicht es dem riesigen Flugzeug, jedes Rad einzeln für einen Reifenwechsel oder eine Bremsenwartung anzuheben. Darüber hinaus ermöglicht das Fahrwerk das Ablassen der Luft aus den Reifen während des Fluges für die Landung auf unbefestigten Flächen.

Die C-5 verfügt über ein automatisches Fehlersuchsystem, das ständig mehr als 1.000 Prüfpunkte im gesamten Flugzeug überwacht. Das Teilsystem MADAR (Malfunction Detection Analysis and Recording) verwendet einen digitalen Computer, um mögliche Systemstörungen zu diagnostizieren, wie ein elektronischer Kardiograph, der ständig nach Problembereichen Ausschau hält.

MADAR erkennt, lokalisiert und identifiziert etwa 1.800 ausgefallene, austauschbare Bauteile. Es zeigt das defekte Teil anhand einer bestimmten Nummer an, so dass es möglich ist, per Funk das nächste Ziel anzufahren und das Teil

Mit voll ausgefahrenden Landeklappen setzte diese C-5A zur Landung in Frankfurt an. Im Hintergrund ist schemenhaft das Passagierterminal zu erkennen. (Sammlung Dr. John Provan)

sowie das Wartungsteam bereitzuhalten. Fehler- und Trendinformationen werden auf Magnetband aufgezeichnet, das den Wartungsmitarbeitern zur späteren Analyse zur Verfügung gestellt wird.

Die Galaxy ist mit einer ganzen Reihe hochentwickelter Kommunikations- und Navigationsgeräte ausgestattet, die sie zu fast 100 Prozent autark machen und in der Lage, ohne die Hilfe der meisten bodengestützten Navigationsgeräte zu operieren.

Dazu gehören: Ein komplettes Spektrum an Kommunikationsausrüstung, einschließlich Hoch-, Nieder- und Zwischenfrequenz-Funkgeräten. Eine vollständige Palette von Funknavigationsgeräten und Überwasser-Navigationshilfen für den Betrieb bei jedem Wetter. Multimode-Radar- und Rendezvous-Ausrüstung, die eine vollständig integrierte Radarfunktion bietet, einschließlich Formationsflug in niedriger Höhe, Bodenkartierung und Wetterradar. Automatisches Flugsteuerungs- und Autopilotsystem sowie Allwetterlandeausrüstung, automatisches Go-around-System, Stabilitätserhöhung und Positionsanzeige und -aufzeichnung für Crashdaten. Das elektrische System besteht aus vier motorgetriebenen Generatoren, von denen jeder einzelne stark genug ist, um das Flugzeug mit Strom zu versorgen, wenn die anderen drei ausfallen.

Unter jeder der beiden Hauptfahrwerksverkleidungen verbirgt sich einen Hilfsgenerator, der die pneumatische Energie für den Start der Triebwerke, die Bodenklimatisierung, Heizung, Kühlung und Belüftung liefert. Sie treiben auch die hydraulischen Hauptfahrwerksabsenkmotoren und zwei Turbinenmotoren für Hydraulikpumpen an.

Auf dieser Aufnahme einer C-5A im Endanflug ist das imposante Fahrwerk gut zu erkennen, auf dem sich das Gewicht der Galaxy verteilt. (Sammlung Dr. John Provan)

Zwei Galaxies im Einsatz. (Sammlung Dr. John Provan)

Diese auf der Dover Air Force Base stationierte Besatzung, die eine C-5M Super Galaxy mit dem Namen »Spirit of Normandy« flog, stellte am 13. September 2009 ganze 41 Weltrekorde in einem einzigen Flug auf. (U.S. Air Force)

Wie gerade aus der Endmontage gerollt präsentiert sich die C-5A des Air Moblity Command Museum in Dover. (Air Mobility Command Museum)

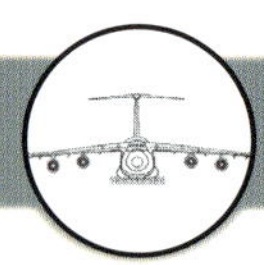

Mechaniker warten ein C-5A Galaxy-Flugzeugtriebwerk auf der Flightline. (NARA)

Ein C-5 Galaxy-Flugzeug landet während des Trainings »Proud Phantom«. (NARA)

Personal der US Air Force entlädt während der Übung »Proud Phantom« Paletten aus einer C-5 Galaxy. (NARA)

Die linke Vorderansicht einer geparkten C-5 Galaxy. (NARA)

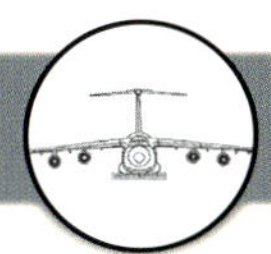

Ein Prototyp des Feuerwehrautos P-15 der US Air Force wird die vordere Laderampe einer C-5 Galaxy des Military Airlift Command hinaufgefahren. Es wird getestet, ob es von der C-5 transportiert werden kann. (NARA)

C-5 Galaxy.
(U.S. Air Force photo)

Lockheed-Transporter an allen Fronten

Präsident John F. Kennedy förderte wichtige Raumfahrt- und Raketenprogramme, die Eisenhower initiiert hatte, und machte auch den Luftverkehr zu einem zentralen Wahlkampfthema. Der Koreakrieg hatte gezeigt, dass die US-Lufttransporter für die Art von Kampfeinsätzen, mit denen das Militär in Zukunft konfrontiert sein würde, schlecht gerüstet waren. Einige waren zu schwer. Einige brauchten längere Landebahnen für Starts und Landungen. Andere hatten Gewichtsbeschränkungen, die sie daran hinderten, sperriges Material oder eine große Anzahl von Soldaten zu transportieren. Die Vereinigten Staaten brauchten ein vielseitiges Flugzeug, das für alle Transportaufgaben eingesetzt werden konnte. Die C-130 Hercules von Lockheed erfüllte genau diese Anforderungen.

Kelly Johnson war zu dieser Zeit mit der Entwicklung des F-104 Starfighter beschäftigt und konzentrierte sich im Allgemeinen mehr auf leistungsstarke Kampfflugzeuge und Aufklärungsflugzeuge, als auf einen Transportmaschine wie die C-130. Hall Hibbard war die Speerspitze des Projekts, und setzte sich für die Arbeit des Ingenieurs und Projektleiters Willis Hawkins ein. Der Entwurf von Lockheed umfasste vier Turboprop-Triebwerke, die den Rumpf des Flugzeugs, einschließlich des Frachtraums, unter Druck setzten, so dass es auch in großen Höhen effizient fliegen konnte. Die Air Force vergab den ursprünglichen C-130-Vertrag 1951 an Lockheed, und 1959 wies der Kongress die Air Force an, ihre Lufttransportkapazitäten weiter zu modernisieren, was eine neue Generation

Einweisung zur Parkposition per Follow-Me-Car. (Sammlung Dr. John Provan)

Eine C-5 rollt unter den Turbopropmotoren einer C-130 von der Bahn des Frankfurt Airport zur Rampe. (Sammlung Dr. John Provan)

von C-130-Maschinen zur Folge hatte. Im Jahr 1960 forderte die Air Force ein neues strategisches Transportflugzeug mit Düsenantrieb. Dieses Projekt wurde zum C-141 StarLifter.

Der StarLifter, der pünktlich und im Rahmen des Budgets produziert wurde, war das erste Serienflugzeug, das vollständig von den Ingenieuren der 1951 gegründeten Lockheed-Georgia Company in Marietta, Georgia, entworfen wurde. Mit der Unterstützung Kennedys und dem anschließenden Milliardenauftrag über die Produktion von 132 StarLiftern festigte sich Marietta als wichtiger Teil des Lockheed-Produktionsarsenals.

Eine weitere weitreichende Auswirkung des C-141-Programms bestand darin, dass es Lockheed die Möglichkeit bot, in der aufkeimenden Bürgerrechtsdebatte eine mutige Entscheidung zu treffen: Es trennte sich von seinem Marietta-Betrieb. James Hodgson von Lockheed, der seit 1941 für das Unternehmen tätig war und später als US-Arbeitsminister diente, leitete die Initiative für diese modernisierte Belegschaft im Rahmen eines Programms, das später Plan for Progress genannt wurde.

In der New York Times heißt es: »Lockheed, das viele der berühmtesten amerikanischen Flugzeuge der Kriegs- und Nachkriegszeit baute, war eines der ersten großen Unternehmen, das in den frühen 1960er-Jahren schwarze und hispanische Arbeitskräfte einstellte und ausbildete. Herr Hodgson förderte dieses Programm und einen Unternehmensplan, der für jeden Dollar, den die Arbeiter in Aktien oder Ersparnisse investierten, 50 Cent beisteuerte«. Auch der CEO von Lockheed, Robert Gross, unterstützte diese Bemühungen und zwang den Vizepräsidenten und Geschäftsführer Dan Haughton, die Rassentrennung im Werk Marietta »indirekt und subtil« aufzuheben – ein kluger Ansatz angesichts des sozialen Klimas des Südstaates und der bestehenden Gesetze des Bundesstaates Georgia.

Die Schilder, die auf getrennte Toiletten und Trinkbrunnen hingewiesen hatten, wurden in aller Stille entfernt. Tausende von Pappbechern wurden an allen Trinkbrunnen aufgestellt, und niemand stellte diese Änderung in Frage. Die getrennten Essensräume wurden einfach aufgegeben. ... Der indirekte Ansatz funktionierte, zwar nicht sofort, aber im Laufe der Zeit und ohne jegliche Umwälzungen. Der Prozentsatz schwarzer Angestellter nahm stetig zu, und schwarze Vorgesetzte wurden immer häufiger.

Mehr als 600 Meilen vom Geschehen entfernt, drückte US-Präsident auf einen Knopf, der die Hallentore für den Roll-Out der Lockheed C-141 öffnete. Dieses Ereignis fand rund neun Jahre nach dem Erstflug des YC-130 Prototyps statt. Das Investment in die Transportkapazität der US Air Force sollte sich schon bald bezahlt machen, denn beide Typen wurden schon kurz darauf in den Krisenregionen der Welt in Kennedys Amtszeit dringend benötigt.

Nichts hatte die Nation auf die düstere, aber dennoch transformative Ära vorbereitet, die auf die Kubakrise folgen sollte. Nachdem die Vereinigten Staaten einen Atomkrieg knapp abgewendet hatten, fanden sie sich erneut in der Realität der traditionellen Kriegsführung wieder – dieses Mal in Vietnam. Nach der Ermordung Kennedys im November 1963 begann eine massive Eskalation des Krieges in Südostasien. Wie beim Krieg in Korea Anfang der 1950er-Jahre ging es darum, die Übernahme Südvietnams durch den kommunistischen Norden zu verhindern, ohne einen Krieg mit China oder der Sowjetunion zu provozieren.

Bis 1965 wuchs die Zahl der eingesetzten Truppen und Unterstützungsflugzeuge exponentiell. Transportflugzeuge wie die Lockheed C-130 Hercules und die C-141 StarLifter wurden sofort in Vietnam eingesetzt, um Soldaten und Nachschub zu transportieren. Im weiteren Verlauf des Krieges wurden die C-130 zu MC-130 Combat Talons umge-

Auf dem Höhepunkt der Auseinandersetzungen um den Bau der Frankfurter Startbahn 18 (Startbahn West) wünschten sich die Gegner den Absturz einer C-5. (Sammlung Dr. John Provan)

Im Cockpit einer C-5 im Jahr 1992 während einer humanitären Mission, die nach Russland führte. (Sammlung Dr. John Provan)

Man würde sich wünschen, dass US-Russische-Hilfsmissionen, wie in 1992, auch im Sommer 2022 möglich gewesen wären. Doch leider tobte der Krieg in Europa. (Sammlung Dr. John Provan)

baut, die Spezialeinheiten in feindlichen Gebieten abholen und als fliegende Tanker fungieren konnten, die am Himmel kreisten, während amerikanische Rettungshubschrauber zum Auftanken mit ihnen verbunden waren.

Die C-141 verkürzte die Flugzeit von Kalifornien nach Saigon und zurück von 95 auf nur 34 Stunden. Die berühmtesten StarLifter-Einsätze waren die Rückführung amerikanischer Kriegsgefangener in die Vereinigten Staaten im Jahr 1973, bei der 588 Kriegsgefangene in die Vereinigten Staaten zurückgebracht wurden, und die wichtige Rolle bei der Rettung von amerikanischem Personal und vietnamesischen Flüchtlingen während der Evakuierung von Saigon 1975. Trotz des Wertes der C-130 und C-141 benötigte das US-Militär einen noch größeren Militärtransporter, der schwere Panzer und Hubschrauber an jeden Ort der Welt transportieren konnte.

Lockheed gewann 1965 den Wettbewerb für die Entwicklung und den Bau dieses Supertransporters. Die Anforderungen waren erschreckend. Das maximale Startgewicht des Transporters musste mehr als doppelt so hoch sein wie das der C-141. Als Lockheed 1970 die erste C-5 Galaxy an die US-Luftwaffe auslieferte, war sie eines der größten Militärflugzeuge der Welt, mit einem Frachtraum, der fünfmal so groß war wie der der C-141 – groß genug, um vier leichte Sheridan-Panzer oder einen Chinook-Hubschrauber aufzunehmen. Das Flugzeug hob fast sofort nach Vietnam ab. Da die C-5 Galaxy etwa 98 Prozent der gesamten Ausrüstung der Armee transportieren konnte, wurde sie bald unverzichtbar für die Kriegsanstrengungen.

Zusätzlich zu diesen Transportflugzeugen wurden auch Aufklärungsflugzeuge nach Vietnam entsandt. Lockheed EC-121 Constellations flogen in einer elliptischen Bahn über feindlichem Gebiet, um Informationen über Luftaktivitäten zu sammeln und zu übermitteln. In der Zwischenzeit hatten die Martin-Ingenieure Mitte der 1950er-Jahre verbesserte Aufklärungs- und Angriffsversionen ihrer B-57 Canberra entwickelt. Als die B-57 1964 in den Kampfeinsatz geschickt wurden, hatten die Ingenieure von Martin Marietta bereits Versionen mit der üblichen dreifarbigen Vietnam-Tarnung entwickelt. Andere Varianten verfügten über nachtreflektierende Farbe, Nachtsichtgeräte, ein neues Kuppelcockpit und Schleudersitze. Viele Versionen waren wendig genug für Angriffe im Tiefflug, aber auch robust genug, um Bomben aus großer Höhe abzuwerfen, und die Canberra war das erste Flugzeug, das 1965 erfolgreich Außenposten des Vietcong in der Republik Südvietnam angriff. Die EB-57 wurden später für elektronische Aufklärungsmissionen eingesetzt.

Die C-5A kompakt

Aus einer Broschüre des Military Airlift Command
Frachtraum

121 Fuß lang, 19 Fuß breit, 13 1/2 Fuß hoch, entspricht einer 8-Bahnen-Bowlingbahn.
Groß genug, um sechs Standard-Greyhound-Busse zu transportieren, 58 Cadillacs, 90 Ramplers oder 106 Vegas.
Kann mehr Autos transportieren als 13 Lastwagen oder zwei »autotragende« Güterwagen.

Antrieb

Jeder General Electric TF-39-Motor schluckt etwa 42 Tonnen Luft pro Minute.
Jede Gondel ist 1 1/2 mal so lang wie ein Cadillac und groß genug, um einen Mustang zu parken.

Kraftstoffsystem

Jede Galaxy führt so viel Treibstoff mit sich, dass ein durchschnittliches Auto 130 Hin- und Rückfahrten zwischen New York und Los Angeles oder 31 Reisen um die Welt machen kann.
Das gesamte Treibstoffgewicht, 318.5000 pounds, entspricht jenem einer voll beladenen und betankten C-141 Starlifter (323.100 pounds) – das bislang größte Frachtflugzeug der USAF.

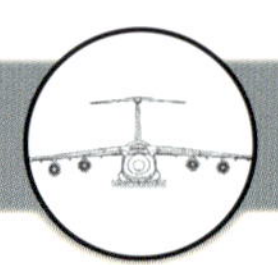

Außenansicht der Front eines C-5 Galaxy-Flugsimulators, 1986. (NARA)

Außenansicht des Gebäudes der 60. Wing Flight Simulator Section, in dem sich ein C-5 Galaxy-Flugsimulator befindet, 1986. (NARA)

Die Flugkonsole eines C-5 Galaxy-Flugsimulators, 1986. (NARA)

Eine Technikerin betreibt die C-5 Galaxy-Flugsimulator-Steuerkonsole, 1986. (NARA)

Operation Provide Hope

Die folgende Bildreihe zeigt Impressionen der mit Lockheed C-5 durchgeführten Operation Provide Hope (Hoffnung geben) des Jahres 1992, als der Westen ehemalige sowjetische Republiken humanitär versorgte. Mit der Auflösung der Sowjetunion in unabhängige Republiken Ende 1991 schlossen sich die meisten dieser Länder einer Konföderation namens Gemeinschaft Unabhängiger Staaten (GUS) an. In ihrem ersten Jahr ohne zentralisierte Wirtschaft litten die ehemaligen Sowjetrepubliken unter schwerem Mangel an Lebensmitteln und medizinischer Versorgung. Und so organisierten die westlichen Länder Hilfsmaßnahmen.

Am 23. Januar 1992 kündigte U.S. Außenminister James Baker die Aktion »Provide Hope« an mit der massive Hilfe für die GUS geleistet werden sollte. Der US-Kongress bewilligte 100 Millionen Dollar für die ehemaligen Sowjetrepubliken, und Baker wusste, dass große Mengen an Nahrungsmitteln und Medikamenten aus den Lagerbeständen des Golfkonflikts von 1991 verfügbar waren.

Richard L. Armitage vom U.S. Außenministerium und Dr. Robert Wolthuis vom U.S. Verteidigungsministerium arbeiteten zusammen, um die Bestimmungsorte der Fracht festzulegen, die aus Zeitgründen per Flugzeug transportiert werden sollte. Armitage und Wolthuis wollten, dass die meisten Hilfsgüter an Krankenhäuser, Schulen, Waisenhäuser, Notunterkünfte und Seniorenzentren gehen sollten. General Hansford T. Johnson vom Military Airlift Command beauftragte Col. John B. Sams Jr., den Kommandeur des 60th Airlift Wing, mit der ersten Phase der Operation, die als Provide Hope I bezeichnet wurde. Provide Hope I transportierte 2.274 Tonnen Lebensmittel und medizinische Hilfsgüter in 24 Städte in zehn ehemaligen Sowjetrepubliken. Bis auf 417 Tonnen handelte es sich bei der Fracht um Lebensmittel, die aus Lagerhäusern in Pisa (Italien) und Rotterdam (Niederlande) kamen. Zu den Lebensmitteln gehörten Rindfleisch, Schinken, Schweinefleisch, Hühnerfleisch, Fisch, Kartoffeln, Reis, Gemüse, Nudeln, Brot und Getränke. Die übrigen Vorräte waren medizinischer Art und umfassten Verbandsmaterial, Nahtmaterial, Klebeband, Baumwolle, chirurgische Schwämme, Einweghandschuhe, Patientenkleidung, Decken und Laken. Die medizinische Fracht kam aus dem Army Medical Materiel Center in Pirmasens, Deutschland, und aus dem Vereinigten Königreich.

Eine Lockheed C-5 zwischen russischen Verkehrsflugzeugen während einer humanitären Mission. (Sammlung Dr. John Provan)

Lastwagenkonvois transportierten die Lebensmittel und die medizinische Versorgung zu drei Abflughäfen: Rhein/Main Air Base in Deutschland sowie Incirlik Air Base und Ankara Air Station in der Türkei.

Während der 17 Tage von Provide Hope I flogen Flugzeuge des Military Airlift Command 46 C-141- und 19 C-5-Flüge in die GUS. Von diesen Flügen gingen 22 nach Russland, je sieben nach Armenien und Kasachstan, fünf in die Ukraine, je vier nach Turkmenistan, Aserbaidschan, Tadschikistan und Usbekistan, je drei nach Kirgisistan und Moldawien und zwei nach Belarus. Zu den teilnehmenden Organisationen gehörten sechs reguläre Lufttransportgeschwader (das 60., 62., 63., 436., 437. und 438.), sieben Lufttransportgeschwader der Luftwaffenreserve (das 315., 349., 439., 445., 446., 512. und 514.) und zwei ANG-Lufttransportgruppen (das 105. und 172.).

Major Robert Gray und die Besatzung einer Lufttransportstaffel (7th Airlift Squadron) flogen am 10. Februar mit einer C-141 des 60th Airlift Wing die erste Provide Hope I-Mission in die GUS, um 17 Tonnen Lebensmittel und medizinische Hilfsgüter nach Bischkek, Kirgisistan, zu liefern. Gray sagte, er habe damit gerechnet, eines Tages in diesen Teil der Welt zu fliegen, allerdings unter Kampfbedingungen und nicht als Teil einer humanitären Luftbrücke. Provide Hope I stieß auf eine Reihe von Problemen. Einige Flüge führten über Entfernungen von mehr als 3.000 Meilen. Eine C-141 erlitt bei der Landung in Moskau am 21. Februar einen platten Reifen im Hauptfahrwerk. Eine C-5, die in Kasachstan gelandet war, konnte nicht mechanisch in die Knie gehen, wie es für die Entladung vorgesehen war. Da es an einigen Orten keine Ausrüstung für die Materialabfertigung gab, mussten einige C-141 zusätzliches Personal zum Entladen der Flugzeuge mitnehmen, und die C-5 musste Gabelstapler mitführen. Einige abgelegene Flugplätze verfügten nicht über Nachtnavigationseinrichtungen, so dass Landungen und Starts nur bei Tageslicht geplant werden konnten. Undichte Schläuche, das Fehlen von Feuerlöschgeräten und rauchendes Personal gefährdeten manchmal die Betankung am Boden. Auch das Fehlen von Enteisungsanlagen in einigen Städten gefährdete die Sicherheit des Betriebs. Auf einigen Rollbahnen kamen den Flugzeugen Menschen und Tiere in die Quere.

Trotz dieser Probleme erwies sich Provide Hope I als bemerkenswert erfolgreich. Sie brachte einigen bedürftigen Menschen in zehn Ländern sofortige, vorübergehende Hilfe und legte den Grundstein für Provide Hope II – eine noch größere Hilfsaktion. Sie demonstrierte das Engagement der Vereinigten Staaten für Menschen, die sich erfolgreich von einer Regierung befreit hatten, die jahrzehntelang der Hauptfeind der Vereinigten Staaten gewesen war. Indem Provide Hope den Menschen in den ehemaligen Sowjetrepubliken half, sich vom Kommunismus zu erholen, förderte es die Interessen der Vereinigten Staaten.

Provide Hope I war nur eine Notlösung und ging nicht annähernd weit genug, um den Bedürfnissen der Menschen in der GUS gerecht zu werden. In den nachfolgenden Phasen von Provide Hope wurde die Hilfe fortgesetzt, wobei man sich mehr auf den Umfang der Seetransporte und den Landtransport als auf die Geschwindigkeit der Lufttransporte verließ.

Mit Hilfe von Lastwagen, Zügen und Schiffen überwachte United States European Command (USEUCOM) Provide Hope II, das 1992 mehr als 19.000 Tonnen Lebensmittel und medizinische Hilfsgüter auf dem Land-, See- und Luftweg in die GUS lieferte. Obwohl man sich stärker auf den Landtransport verließ, waren im Rahmen von Provide Hope II auch umfangreiche Lufttransportmissionen erforderlich, die zumeist von der Luftwaffe, teilweise aber auch von kommerziellen Fluggesellschaften in deren Auftrag geflogen wurden.

Der Lufttransportteil von Provide Hope II umfasste spezielle Lufttransportmissionen. Die erste davon, geflogen von einer C-5 Galaxy, lieferte am 29. Februar 1992 ganze 75 Tonnen Lebensmittel und Medikamente nach Moskau. Auch C-141 Starlifter beteiligten sich an Provide Hope II. Am 24. April beispielsweise transportierte eine C-141 des 437th Airlift Wing 12 Paletten mit Medikamenten und medizinischen Hilfsgütern mit einem Gewicht von 24 Tonnen von Rhein-Main AB in Deutschland nach Minsk, Weißrussland. Fünf Tage später lieferte eine andere C-141 14 Tonnen Lebensmittel und medizinische Hilfsgüter nach Tiflis, der Hauptstadt von Georgien, einer ehemaligen Sowjetrepublik, in der interne Unruhen den Einsatz von Provide Hope I verhindert hatten. Zu den an Provide Hope II beteiligten Lufttransportgeschwadern gehörten die 60th, 62d und 63d Airlift Wings der Twenty-Second Air Force, die 436th und 438th Airlift Wings der Twenty-First Air Force, das 459th Airlift Wing der Air Force Reserve und das 435th Tactical Airlift Wing der United States Air Forces in Europe.

Provide Hope III, eine Kopie von Provide Hope II, begann im Oktober 1992. Von den 165 Lufttransportflügen im Rahmen von Provide Hope II und III zwischen Ende Februar 1992 und Mai 1993 flogen die Militärtransporter der Luftwaffe 135 Einsätze: 94 mit C-141, 36 mit C-5 und fünf mit C-130. Nur 30 Einsätze der Provide Comfort II und III Lufttransporte wurden in diesem Zeitraum von kommerziellen Flugzeugen durchgeführt.

Die Provide Hope III-Lufttransporte wurden über den

Mai 1993 hinaus fortgesetzt. Bis September hatten die Luftwaffe und kommerzielle Flugzeuge weit über 6.000 Tonnen Fracht in die GUS transportiert. Das Military Airlift Command (MAC), das Air Mobility Command (das das MAC Mitte 1992 ablöste), die U.S. Air Force Europe und Flugzeuge der Luftwaffenreserve beförderten insgesamt mehr als 4.400 Tonnen. Im Oktober 1993 begann die vierte Phase von Provide Hope, die bis September 1994 andauerte. Weitere Phasen folgten, und Provide Hope wurde zu einer kontinuierlichen Operation. Im Juni 1997 flog die USAF ihren fünfhundertsten Provide Hope-Einsatz.

Dies war eine mitmenschliche Aktion, die angesichts der politischen Stimmung des Sommers 2022, als dieses Buch entstand, wie aus einer anderen Welt erscheint. Doch damals, nach dem Ende der Sowjetunion, schien der Traum einer friedlichen Welt greifbar nahe. Es sollte ein Traum und eine Hoffnung bleiben. (Sammlung Dr. John Provan)

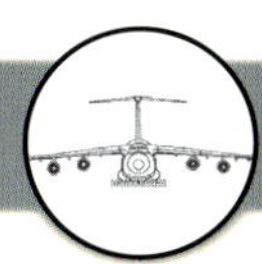

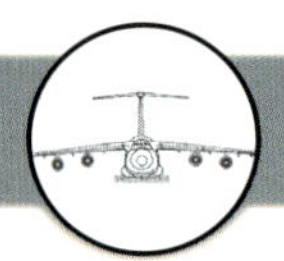

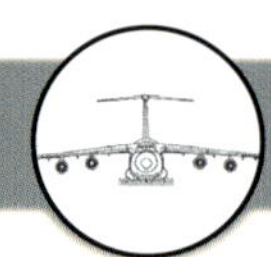

Berittene deutsche Polizei sorgt für den Schutz der amerikanischen Streitkräfte in Rhein/Main. (Sammlung Dr. John Provan)

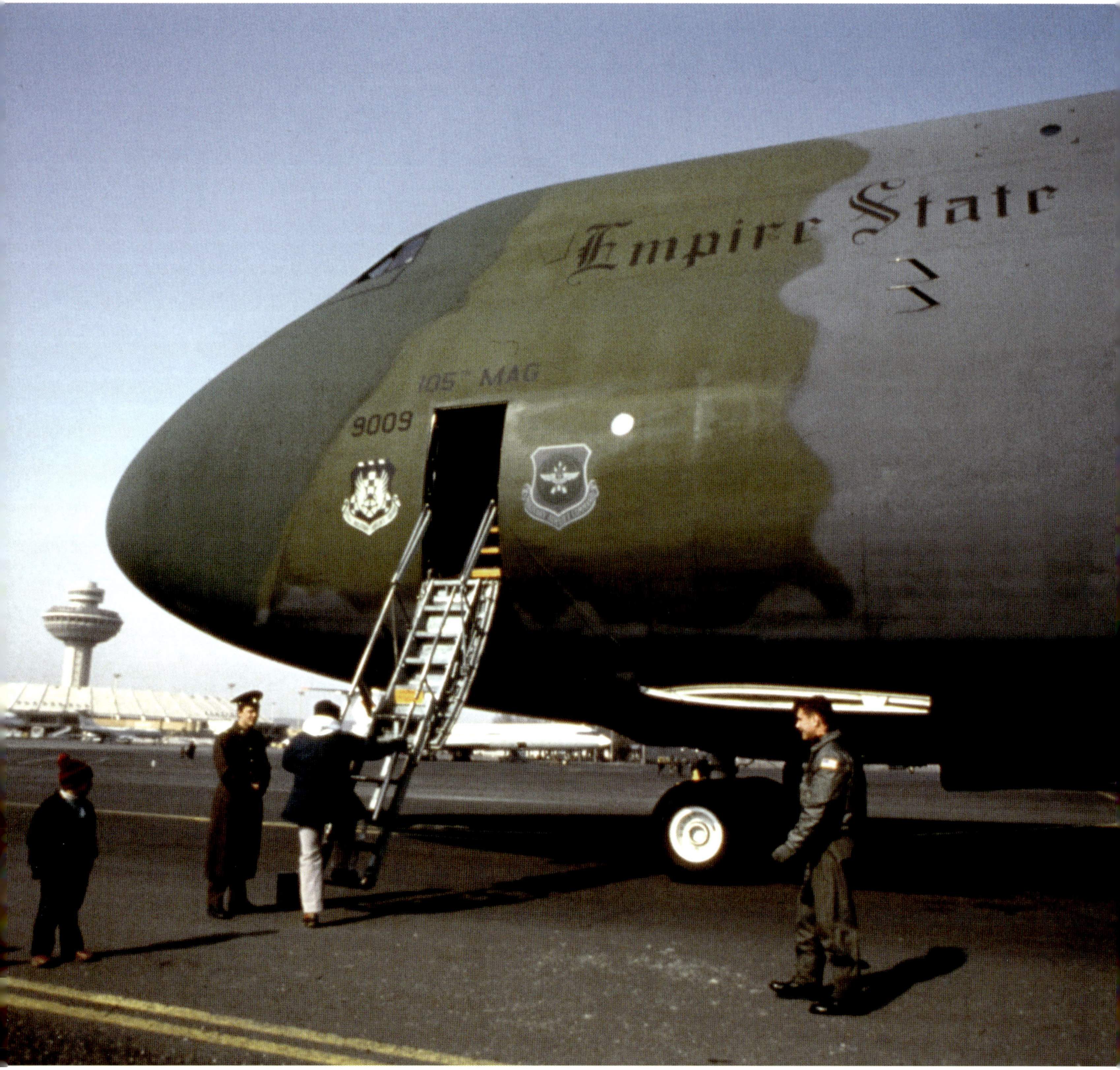
Empire State
105th MAG
9009

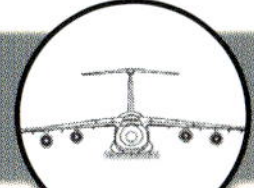

ИЛ-86

436TH AW
MILITARY AIRLIFT COMMAND

255

ОФЛОТ
СССР-86050

MAS

5,000

ROBINSON

АЭРОФЛОТ
5

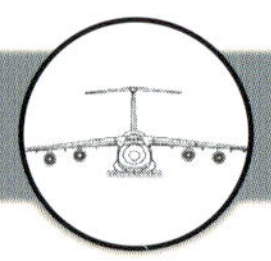

Die C-5 bietet immer wieder ungewöhnliche Perspektiven. Wie hier der Blick durch das geöffnete Bugvisier auf das Cockpit. (Sammlung Dr. John Provan)

Bell UH1-D Hubschrauber der Bundeswehr kurz vor ihrer Verladung im Rahmen eines Manövers an Bord einer C-5. (Sammlung Dr. John Provan)

Volles Vorfeld in Rhein/Main während der Operation Desert Shield, dem Zweiten Golfkrieg der Jahre 1990/91. Eine Douglas C-9A Nightingale, das fliegende Krankenhaus der U.S. Air Force im Vordergrund, und ein mit C-5 gut gefülltes Vorfeld. (Sammlung Dr. John Provan)

Verladung von Patriot-Raketen zur Unterstützung der Operation Desert Storm (Zweiter Golfkrieg) im Jahr 1991. (Sammlung Dr. John Provan)

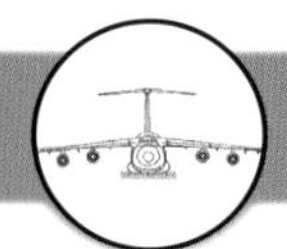

Ein C-130-Besatzungsmitglied beobachtet das Vorfeldgeschehen in Rhein/Main, inklusive einer vorbeirollenden C-5 vom »Dach« seiner Maschine aus. (Sammlung Dr. John Provan)

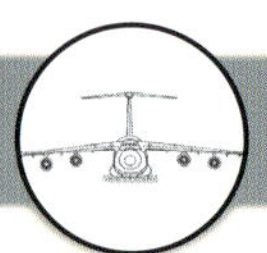

Fahrzeugverladung über die sich öffnende Bug-klappe einer Galaxy im Rahmen des Reforger-Manövers im September 1990. (Sammlung Dr. John Provan)

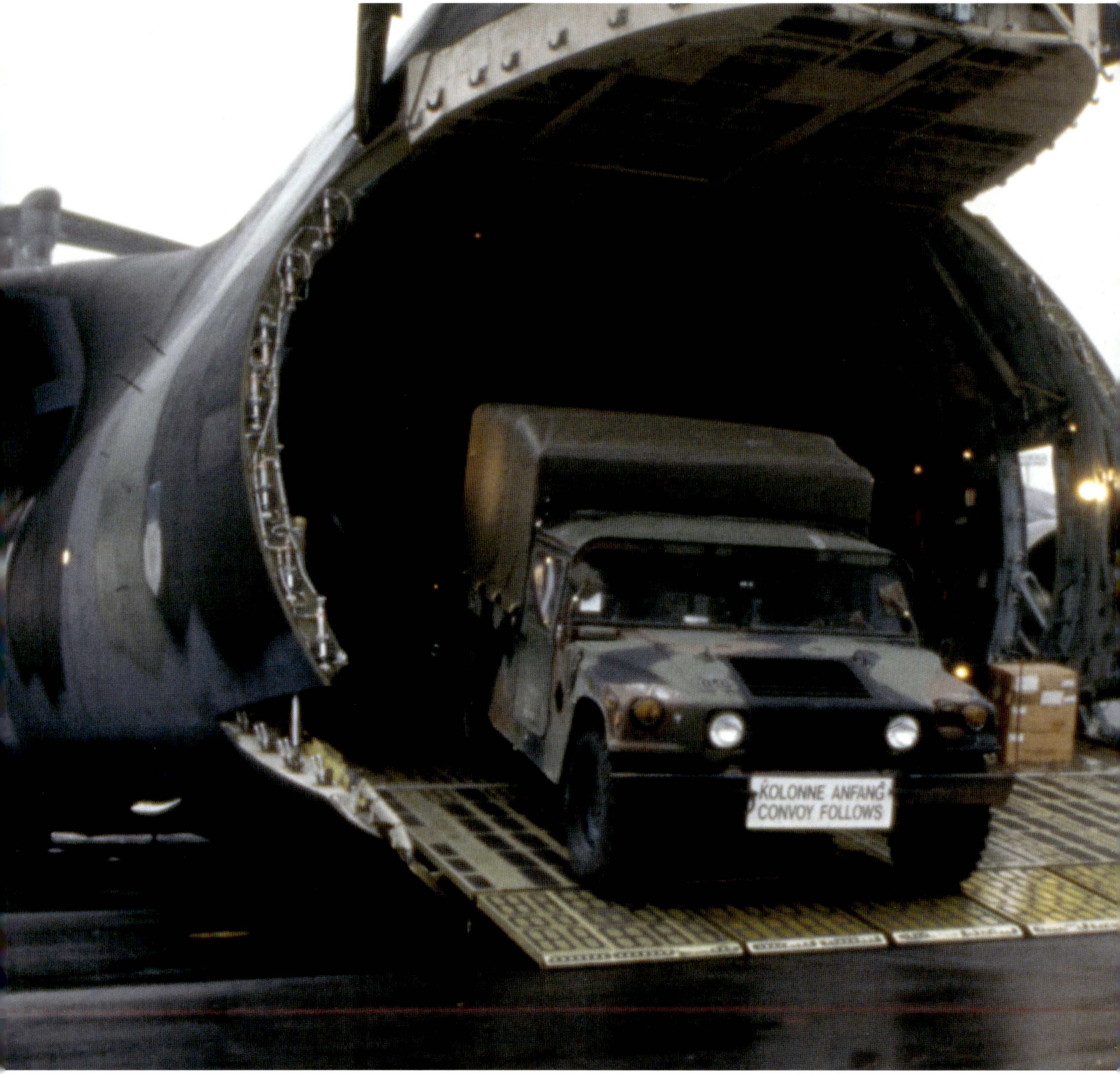
KOLONNE ANFANG
CONVOY FOLLOWS

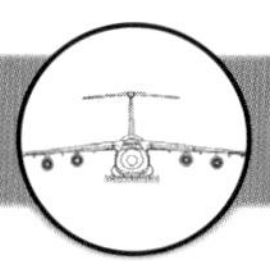

Kontraste: Humanitärer Hilfskonvoi beim Ausladen von amerikanischen C-5 in Russland im Jahr 1992 und per Stacheldraht geschützte Galaxies im Kriegseinsatz. (Sammlung Dr. John Provan)

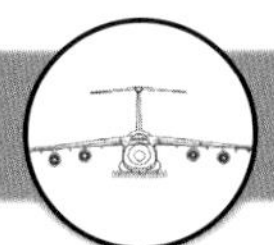

Eine von Besuchern der Ramstein Air Show umringte C-5A in der ersten, weiß/grauen-Lackierung. (Sammlung Dr. John Provan)

Verladung eines Boeing CH-53 Chinook-Helikopters an Bord einer C-5 auf der Ramstein Air Base. (Sammlung Dr. John Provan)

Die C-5 sind nicht nur Frachter, sondern auch Truppentransporter. (Sammlung Dr. John Provan)

Militärische Flugbewegungen in Frankfurt Rhein/Main. (Sammlung Dr. John Provan)

Line-up der Air Force One-Präsidentenmaschine mit begleitenden C-5. Lockheed Galaxy werden als Begleitmaschinen für Staatsbesuche des amtierenden U.S. Präsidenten genutzt. So wie hier beim Deutschlandbesuch von George Bush Sen. (Foto Sammlung Dr. John Provan)

Die Fahrzeuge des Präsidentenkonvois werden aus dem Bauch des Frachters in Frankfurt entladen, November 1989. (Foto U.S. Air Force)

Während der Operation ENDURING FREEDOM warten Crew-Mitglieder der 86. Contingency Response Group (CRG) der Ramstein Air Base, Deutschland, darauf, dass ihre Fracht von einem C-5 Galaxy-Frachtflugzeug abgeladen wird, während lokale Militär- und Regierungsmitarbeiter auf dem Manas International Airport in Bischkek, Kirgisistan die Szene beobachten. (NARA)

Die geländegängigen All-Terrain Vehicle (ATV) der Crew fahren aus dem Laderaum der C-5 Galaxy. (NARA)

Die Frachtpaletten werden abgeladen. (NARA)

Ein Treibstoff-Unternehmen betankt auf dem internationalen Flughafen Manas in Bischkek, Kirgistan, eine C-5 Galaxy der Ramstein Air Base. (NARA)

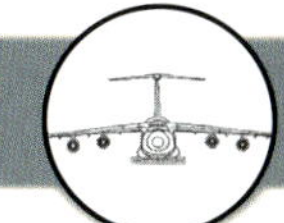

U.S. AIR FORCE
0457
60TH AMW
349TH AMW
АЭРОПОРТ МАНАС
СЕРВИС

AIR MOBILITY COMMAND
СЕРВИС
02

Eine Fluganansicht der linken Seite der ersten getarnten C-5 Galaxy, 1983. (NARA)

Die erste getarnte C-5 Galaxy wird am Air Logistics Center, zur Fluglinie geschleppt, 1983. (NARA)

1990er-Jahre – Vier C-141B Starlifter und zwei C-5A Galaxy stehen auf der Fluglinie, während sie für den Einsatz in Saudi-Arabien während der Operation Desert Shield vorbereitet werden. (U.S. Air Force)

1990er-Jahre – Vorräte und Ausrüstung werden zur Unterstützung der Operation Desert Shield durch die Nase eines C-5A Galaxy-Transportflugzeugs der U.S. Air Force Reserve, Military Airlift Command, entladen. (U.S. Air Force)

Eine C-5 Galaxy rollt nach der Landung auf einem Luftwaffenstützpunkt während der Operation Desert Shield über eine Landebahn, 1991. (NARA)

C-5 Galaxies stehen auf der Fluglinie zur Unterstützung der Operation Desert Shield, 1991. (NARA)

Eine Luftaufnahme von drei C-5 Galaxy auf der Rampe eines Luftwaffenstützpunkts während der Operation Desert Shield, 1991. (NARA)

Eine 3/4-Vorderansicht der zweiten C-5 Galaxy von Dover AFB bei ihrer Ankunft in Kamenogorsk, 1994. (NARA)

Flugzeugbesatzung und Passagiere steigen aus der C-5 Galaxy aus, 1994. (NARA)

Eine C-5-Galaxy von Travis AFB, Kalifornien, hebt vom Einsatzort ab. (NARA)

Eine in Tarnfarbe lackierte C-5 Galaxy steht auf der Fluglinie des Moi International Airport. (NARA)

Vorder- und Seitenansicht einer C-5 Galaxy in Tarnfarbe von Travis AFB, Kalifornien, nach der Landung im Roswell Industrial Air Center, 1995. (NARA)

Drei C-5M sind auf ihrer Heimatbasis für den nächsten Einsatz vorbereitet worden.
(U.S. Air Force)

Die Lockheed C-5B

Als Verteidigungsminister Caspar W. Weinberger am 19. März 1981 dem Unterausschuss für militärische Mittel des Repräsentantenhauses die Aufrüstungsanträge von Präsident Reagan vorstellte, sprach er sich für die Beschaffung des fortschrittlichen Tanker-Frachtflugzeugs (Advanced Tanker Cargo Aircraft), aus dem die McDonnell Douglas KC-10 wurde, und des C-X-Transporters aus. In den folgenden Monaten sprachen sich einige Mitglieder des Bewilligungsausschusses des Repräsentantenhauses gegen das C-X-Programm aus und bevorzugten stattdessen ein bestehendes Großraumflugzeug wie die C-5, die DC-10 oder eine modifizierte Boeing 747. Noch vor Ende 1981 erhielt jedoch die McDonnell-Douglas Corporation einen Auftrag für die C-X, aus der die C-17 wurde. Die Beschaffung der C-5B, einer verbesserten Version der C-5A, wurde ebenfalls ernsthaft in Erwägung gezogen, und Lockheed eröffnete das C-5-Fertigungsband erneut, wobei die Verbesserungen der verstärkten C-5A Struktur in die neue Version der Galaxy übernommen wurden. Die erste C-5B, die wesentliche Verbesserungen, wie eine aktualisierte Avionik enthielt, wurde im Januar 1986 an die Altus Air Force Base ausgeliefert. Die Produktion der C-5 endete mit der Auslieferung der letzten Maschine des Modells »B« im April 1989.

Die 436th Supply Squadrons, Fuels Management Flight, Dover AFB, DL, führt ihre Einsätze gemeinsam mit der 436th Special Operations Squadron durch. Diese Einsätze werden mit der neuesten Version der C-5 geflogen. Die C-5B verfügt über verbesserte Radarsysteme, die es dem Flugzeug ermöglichen, auch bei schlechtem Wetter zu fliegen, was es für die Low Level Special Operations von unschätzbarem Wert macht. Ein weiterer Vorteil der C-5B ist ihre Fähigkeit, eine Sechs-Punkt-FARP-Operation durchzuführen, bei der sechs Hubschrauber gleichzeitig aufgetankt werden können, indem drei Schläuche an jedem Flügel der C-5 angeschlossen und die Enden der Schläuche dann mit den einzelnen Hubschraubern verbunden werden.

Das erste von zwei aufgerüsteten C-5C Super Galaxy-Flugzeugen wurde am 24. September 2015 auf der Travis Air Force Base in Kalifornien getestet, um zu prüfen, ob das Flugzeug noch die von der NASA festgelegten Anforderungen an die so genannte Vibroakustik erfüllt. Die Travis AFB beherbergt die einzigen beiden Flugzeuge der Luftwaffe, die speziell für den Einbau und Transport von NASA-Raumfahrtcontainern im hinteren Teil des Frachtraums umgebaut wurden. Nach dem erfolgten Abschluss des Reliability Enhancement and Re-Engining Program (Programm zur Verbesserung der Zuverlässigkeit und Umrüstung) äußerte das Air Force Space Command (Luftwaffenkommando für den Weltraum) Bedenken hinsichtlich der Vibrationen im Frachtraum und forderte daher die Erhebung von Lärm- und Vibrationsdaten aus dem Flugzeuginneren, um zu überprüfen, ob der Frachtraum des SCM-Modells M noch den Anforderungen der NASA entspricht. (U.S. Air Force Foto/Senior Airman Charles Rivezzo)

Eine C-5 Galaxy des 433rd Airlift Wing beginnt vor der Landung am 14. November 2014 auf der Eglin Air Force Base in Florida über die Landebahn zu drehen. Die Reserveflugzeugbesatzung brachte Personal und Ausrüstung der 7th Special Forces Group der Armee zur Auslieferung an die Basis. (U.S. Air Force Foto von Samuel King Jr.)

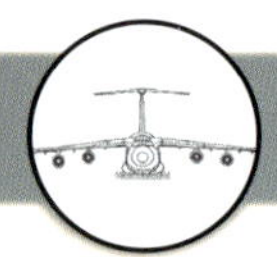

Selbst der gleichzeitige Transport von zwei Boeing CH-53 Doppelrotor-Helikoptern ist für eine C-5 kein Problem. (U.S. Air Force)

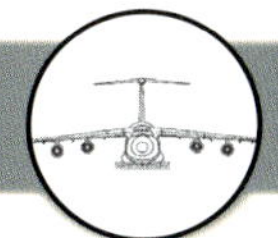

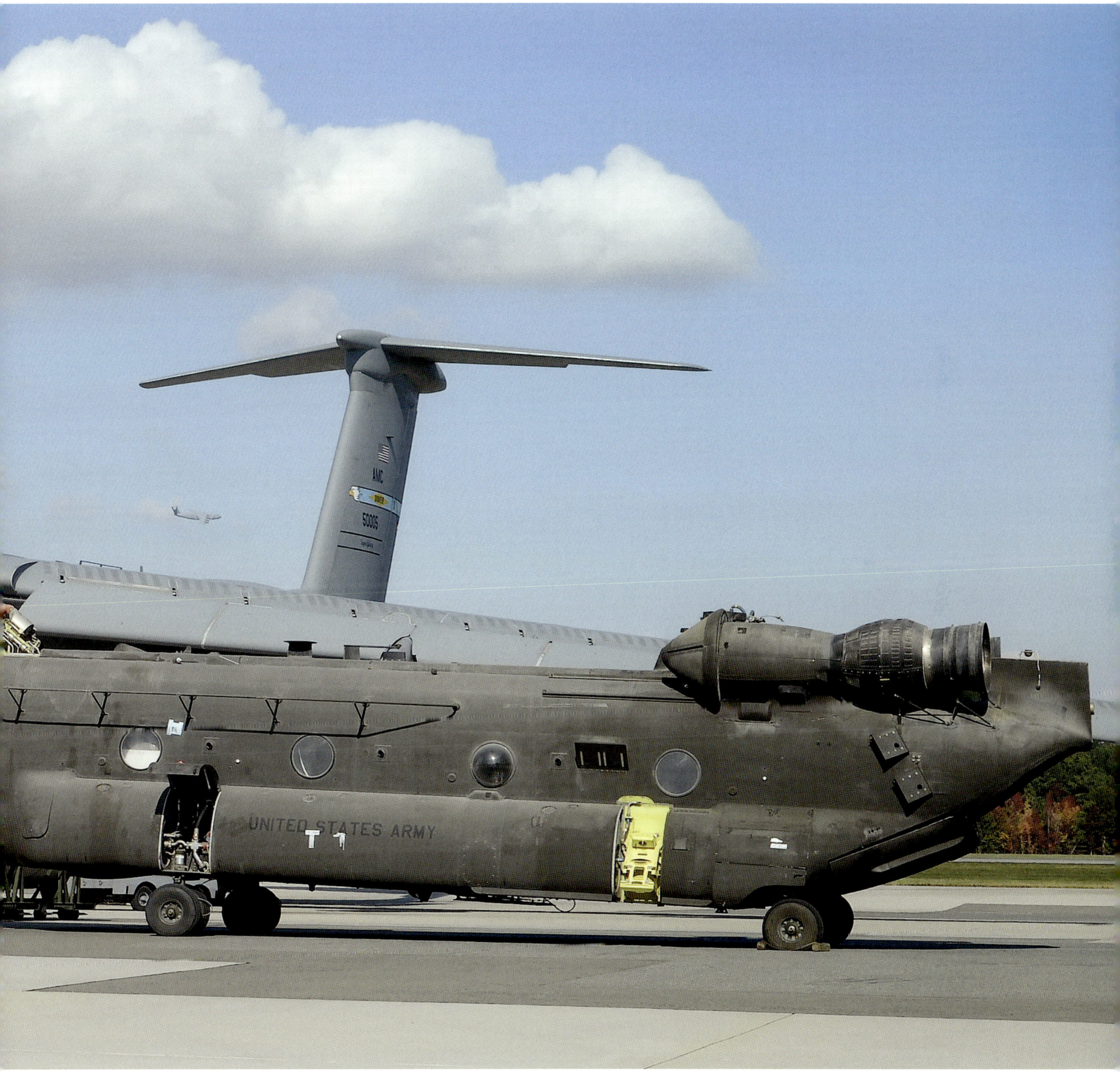
AMC
50005
UNITED STATES ARMY

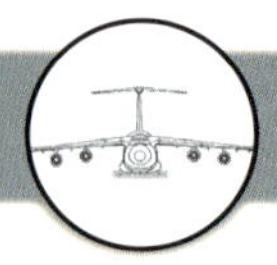

Start einer C-5B noch vor der Umrüstung auf den M-Standard mit neuen CF-6-Triebwerken. Diese Maschine hat noch die alten TF-39-Turbofans. (US Air Force Museum)

Der modernisierte Transporter C-5M Super Galaxy

Im Mai 2012 schloss die kalifornische Travis Air Force Base das sieben Jahre zuvor begonnene C-5 Avionics Modernization Program (AMP) ab, das die Umrüstung von C-5A/B mit moderner Avionik, inklusive eines Glascockpits zum Ziel hatte. Eine C-5A Galaxy aus dem Jahr 1970 war die letzte C-5A, die hier am 6. Mai von einer »Legacy« C-5 in eine C-5 des Avionics Modernization Program umgewandelt wurde. Die AMP-Änderungen, der erste Teil der Modernisierungsbemühungen für die C-5, ersetzen die alte analoge Avionik durch eine digitale Avioniksuite und fügen eine digitale Architektur hinzu, die alles miteinander verbindet. Ab Juni 2005 wurden 38 C-5A- und B-Flugzeuge auf der Travis Air Force Base vom Lockheed Martin-Team im Rahmen eines zweistufigen Modernisierungsprogramms umgerüstet.

»Aktive und Reservisten der Travis AFB sowie Lockheed Martin-Crews arbeiteten hart daran, die C-5 zu modernisieren«, kommentierte Oberstleutnant Robert Griffith, ein Abnahmepilot der Defense Contract Monitoring Agency die Arbeiten. »Die Abnahme des letzten Flugzeugs verlief dank der harten Arbeit aller beteiligten Einheiten trotz der Sperrung von Start- und Landebahnen und wetterbedingter Verzögerungen reibungslos«, so sein Fazit.

Während der gesamten Laufzeit des Programms befanden sich jeweils drei Flugzeuge in verschiedenen Stadien der AMP-Modifikation. Zu den AMP-Änderungen gehören Aktualisierungen zur Erfüllung moderner Luftraumanforderungen wie ein neuer Autopilot, ein neues Kommunikationspaket, Flachbildschirme und ein verbessertes

Immer wieder beeindruckend sind Detailaufnahmen der Galaxy-Unterseite, inklusive des imposanten Fahrwerks. (U.S. Air Force / Thinh D. Nguyen)

Navigations- und Sicherheitssystem. Das gesamte System soll nach Angaben von Lockheed Martin die Sicherheit erhöhen, die Arbeitsbelastung der Besatzung verringern und das Situationsbewusstsein verbessern. Die Mitarbeiter von Lockheed Martin entfernten etwa 12.000 alte Kabel und bauten 4.000 neue Kabel in das Flugzeug ein, während die Qualitätssicherungscrews der DCMA zusammen mit den Besatzungen der Abnahmeflüge die Arbeiten während des gesamten Programms beobachteten. Die Durchführung von Funktionsprüfungen am Flugzeug war die letzte Phase des C-5 AMP, bevor das Flugzeug zu einem eigentlichen Flugtest geschickt wurde. »Sobald die Abnahmeflugbesatzung ihre Inspektion abgeschlossen und das Flugzeug bestanden hatte, wurde es von Lockheed zurückgekauft und wieder in den operationellen Status versetzt«, kommentierte Oberstleutnant Tom Corcoran, der Flugbeauftragte der Regierung.

Zu den letzten Tests vor dem endgültigen Flug gehören Vorflugprüfungen der neuen Systeme sowie die Überprüfung der Instrumentenlandesysteme am Boden und der Altsysteme, die durch die AMP-Änderung gestört werden.

Die 60th und 349th Aircraft Maintenance Squadrons arbeiteten bei jedem Schritt mit den Lockheed-Mitarbeitern zusammen und leisteten sieben Jahre lang doppelte Unterstützung, so Corcoran. »Von den 38 umgerüsteten Flugzeugen hat die 312th (Airlift Squadron) 33 Flugtests durchgeführt«, sagte er. Zwei Abnahmeflugbesatzungen der 312th flogen mehr als 100 Einsätze, um alle Aspekte des neu installierten Cockpits und der Ausrüstung zu testen. Einer der Tests beinhaltete zum Beispiel einen Beinahe-Strömungsabriss über dem Pazifik. Ziel der Flüge war es, Warnsysteme zu testen, die Piloten im normalen Betrieb nie hören würden, wie beispielsweise: »zu niedriges Gelände«, »Vorsicht Hindernis« und »Sinkrate - hochziehen«. Letztlich sollte mit diesen Abnahmeflügen sichergestellt werden, dass die modifizierten Flugzeuge für den täglichen Einsatz bei der Luftwaffe bereit sind und eine effizientere Leistung erbringen.

Im Anschluss an das AMP-Programm gingen die modifizerten C-5B in die zweite Phase der C-5-Modernisierung: das Reliability Enhancement and Re-engining Program. Diese RERP-Modifikationen bestanden aus mehr als 70 Verbesserungen und Aufrüstungen an der C-5-Zelle und den Systemen. Dazu gehören neue, 22 Prozent mehr Schub leistende CF-6-Triebwerke von General Electric istalliert. Sie sind zudem weniger laut, ermöglichen eine 33 Prozent kürzere Startstrecke, eine größere Zuladung, und eine um 38 Prozent verbesserte Steigrate als jene C-5 mit ihren ursprünglichen Motoren. Zudem wurden die Triebwerkspylone erneuert, sowie das Fahrwerk und das Kabinendrucksystem überarbeitet. Nach Abschluss der Avionik- und Triebwerksaktualisierung wurde das Flugzeug zum Modell »M« Super Galaxy. Der Erstflug einer C-5 mit AMP (85-0004) fand am 21. Dezember 2002 statt.

Aus dem »Uhrenladen« der C-5A wurde nach der Modernisierung der C-5M ein modernes, zeitgemäßes Glascockpit. (U.S. Air Force / SSgt. Jeremy Bowcock)

Computer zählen auch am Arbeitsplatz des Flugingenieurs heutzutage zum Standard. (U.S. Air Force)

Galaktische Winterlandschaft. (U.S. Air Force / Roland Balik)

Weltrekordler

Eine auf der Dover Air Force Base stationierte Besatzung, die eine C-5M Super Galaxy mit dem Namen »Spirit of Normandy« flog, stellte 41 Weltrekorde in einem einzigen Flug auf, nachdem sie am 13. September 2009 vor Sonnenaufgang von der Basis abhob. Die Besatzung, die sich aus acht Reservisten des 512th Airlift Wing und vier aktiven Mitgliedern des 436th AW zusammensetzte, wurde von Maj. Cory Bulris, dem Flugzeugkommandanten und Leiter des Programmintegrationsbüros der 436th Operations Group für die C-5M, geleitet.

Mit einer Nutzlast von etwa 178.000 Pfund stieg die C-5M in weniger als 28 Minuten auf 12.000 Meter und stellte während des eineinhalbstündigen Fluges Rekorde in Bezug auf Höhe, Nutzlast und Zeit bis zum Aufstieg auf. Da sie erfolgreich waren, wurden die Rekorde auf die leichteren Nutzlasten und niedrigeren Höhen übertragen. »Wir sind sehr stolz auf diese Leistung, die die Fähigkeiten der C-5M, des neuesten Lufttransporters des Air Mobility Command, unter Beweis stellt«, sagte Major Bulris, der hinzufügte, dass die Planung für diese Mission schon rund zwei Monate zuvor begann. Um sich auf den Rekordflug vorzubereiten, wog die NAA am 11. September das Flugzeug, den Treibstoff und die Fracht.

Die US Air Force im Sommer 2022 über ihre Lockheed C-5M

Einsatz

Die C-5M Super Galaxy ist ein strategisches Transportflugzeug und das größte Flugzeug im Bestand der Luftwaffe. Ihre Hauptaufgabe ist der Transport von Fracht und Personal für das Verteidigungsministerium. Die C-5M ist eine modernisierte Version der alten C-5, die von Lockheed Martin entwickelt und hergestellt wurde. Derzeit besitzt und betreibt die US-Luftwaffe 52 C-5B/C/M. Sie sind auf der Dover Air Force Base, Delaware, der Travis AFB, Kalifornien, der Lackland AFB, Texas, und der Westover Air Reserve Base, Massachusetts, stationiert.

Merkmale

Die C-5M Super Galaxy ist mit fünf Fahrwerkssätzen, 28 Rädern, vier zivilen Triebwerken vom Typ General Electric CF6-80C2-L1F (F-138) und einem hochmodernen Wartungsdiagnosesystem ausgestattet. Sie kann übergroße Fracht über interkontinentale Entfernungen befördern und auf relativ kurzen Landebahnen starten und landen. Sowohl die Bug- als auch die Hecktür lassen sich öffnen, so dass die Bodenbesatzung die Fracht an beiden Enden gleichzeitig be- und entladen kann, was die Zeit für den Frachttransfer verkürzt. Die Auffahrrampen über die gesamte Breite an beiden Enden ermöglichen den Transport von Fahrzeugen in zwei Reihen.

Das Wartungsdiagnosesystem ist in der Lage, Daten von mehr als 7.000 Testpunkten aufzuzeichnen und zu analysieren, was schließlich die Wartungs- und Reparaturzeiten verkürzt.

Die C-5M kann mit einer Frachtlast von 127.460 Kilogramm 2.150 Seemeilen weit fliegen, entladen und zu einer zweiten Basis fliegen, die 500 Seemeilen vom ursprünglichen Ziel entfernt ist – und das alles ohne Luftbetankung. Mit Luftbetankung ist die Reichweite des Flugzeugs nur durch die Ausdauer der Besatzung begrenzt.

Maynard zeigte sich beeindruckt von der rekordverdächtigen Leistung des Flugzeugs: »Das passiert nicht oft ... nicht in einem einzigen Flug.« Einer der Höhenrekorde im Horizontalflug, die während des Fluges gebrochen wurden, wurde zuvor von den Russen gehalten, die ihn 1989 mit einer Tupolev Tu-160 aufstellten. Die C-5M-Besatzung stellte auch einen neuen Rekord für die größte auf 2.000 Meter beförderte Masse auf, der zuvor ab 1993 von einer C-17A Globemaster III gehalten wurde. Außerdem brach die Besatzung sechs weitere Rekorde, die zuvor von der C-17 gehalten wurden.

Bei der C-5M, die für den Rekordflug eingesetzt wurde, handelt es sich um eine C-5 Galaxy, die im Rahmen des Avionik-Modernisierungsprogramms ein modernisiertes Glascockpit und eine aufgerüstete Avionik sowie neue Triebwerke im Rahmen des Programms zur Verbesserung der Zuverlässigkeit und Wiederinbetriebnahme erhalten hatte. Jahrelange Abnutzung und Verschleiß beeinträchtigten die Zuverlässigkeit der C-5. Tests ergaben jedoch, dass die C-5-Flotte noch 80 Prozent ihrer strukturellen Lebensdauer hat. Anstatt die Flugzeuge auszumustern, schlugen Mitarbeiter von Lockheed Martin im September 1998 einen Plan zur Modernisierung der C-5 Galaxy-Flotte mit neuer Avionik und neuen Triebwerken vor. Diese Verbesserungen sollten die Zuverlässigkeit des Flugzeugs erhöhen. »Dieses Flugzeug ist in der Lage, wesentlich kürzere Starts durchzuführen als die vorherige C-5«, so Oberstleutnant Mike Semo, Pilot der 709th Airlift Squadron und Leiter des C-5M Program Office. »Wir sind in der Lage, mehr Fracht über größere Entfernungen mit größerer Zuverlässigkeit zu transportieren. Außerdem wurde das Glascockpit erheblich verbessert, was den Piloten ein besseres Situationsbewusstsein ermöglicht. Es gibt Verbesserungen in den Bereichen Navigation, Sicherheitsausrüstung, Kommunikation und ein neues Autopilotsystem. Dies ist wirklich ein modernes Flugzeug für eine moderne Luftwaffe«. Lockheed Martin lieferte bis 2016 52 C-5M aus.

Während die »Spirit of Normandy« in die Rekordbücher eingehen wird, werden sich künftige C-5Ms sicher einen Namen machen, da sie weiterhin jederzeit Nachschub und kampfbereite Militäreinheiten rund um den Globus transportieren.

Noch mit ausgefahrenen Vorflügeln und Landeklappen wird diese C-5M zur Parkposition geleitet. (U.S. Air Force)

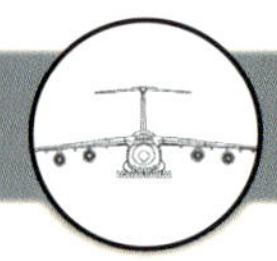

Trotz aller navigatorischen Hilfsinstrumente ist der Mensch das Maß der Dinge wenn es um das Manövrieren am Boden geht. (U.S. Air Force)

Ein KC-10 Extender ist auf der Rampe geparkt, während eine C-5M Super Galaxy auf der Travis Air Force Base in Kalifornien am 16. März 2017 abhebt. (U.S. Air Force Foto / Louis Briscese)

Ein M1A1 Abrams Kampfpanzer wird mit dem Kanonenrohr in der rückwärtigen Position für den Transport in Position gebracht um auf eine C-5 Galaxy geladen zu werden. Der Fahrer befindet sich im Schatten unter dem Turm. Die Abrams hatten die Marine Corps Air Station Miramar verlassen, um die Übung FAST FOCUS 99 zu unterstützen. (NARA)

Eine C-5M Super Galaxy nimmt an einer Bereitschaftsübung für den Notfalleinsatz auf der Volk Field Air National Guard Base, Wisconsin teil, 7. Juli 2021. Die Joint-Service-Ausbildung testet die Fähigkeit, Truppen und Ausrüstung in einer Notsituation kurzfristig zu bewegen. (U.S. Air Force)

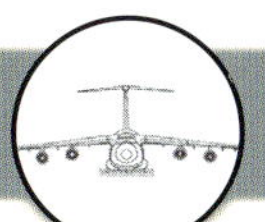

Eine C-5 Galaxy durchläuft am 30. Juli 2020 eine programmierte Depotwartung mit der 402. Aircraft Maintenance Group auf der Robins Air Force Base, Georgia. Die 402. AMXG ist verantwortlich für die Reparatur, Modifikation und Rückgewinnung und Überholung von mehr als 200 Flugzeugen weltweit. Die Gruppe bereitet auch Kampfflugzeug-Kampfschadensreparatur-, Unfallwiederherstellungs- sowie Versorgungs- und Transportteams weltweit vor und setzt sie ein. (U.S. Air Force photo by Joseph Mather)

Ein C-5M Super Galaxy-Triebwerk wird am 6. Juni 2019 auf der Dover Air Force Base, Delaware an seinen Platz gesenkt. Das Triebwerk muss beim Absenken und Anheben von allen Seiten ausbalanciert werden. Um dies zu erreichen, müssen die Mechaniker in der Lage sein, als Team effektiv zu kommunizieren, während sie die am Motor angebrachten Waagen ankurbeln und überprüfen. (U.S. Air Force Foto von Senior Airman Christopher Quail)

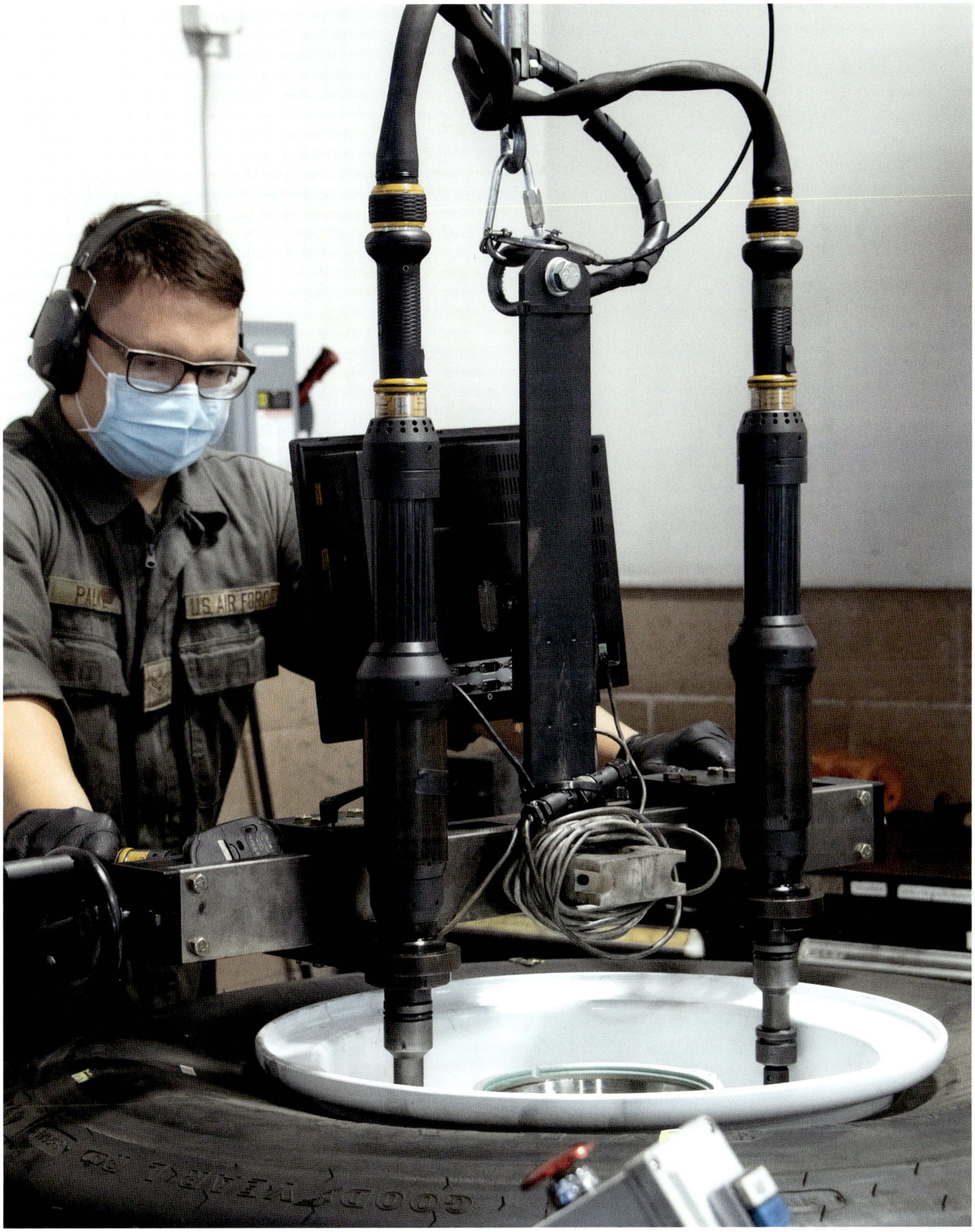

Das Rad- und Reifenteam der 60. Wartungsstaffel verwendet ein Drehmomentsystem für die Radmontage in der Rad- und Reifenwerkstatt auf der Travis Air Force Base, Kalifornien, 14. Juli 2022. Das 60. MXS-Team führt Wartungsdienste und Inspektionen für die C-17 Globemaster III und C-5M Super Galaxy durch und liefert auch fertige Radbaugruppen an die pazifischen Luftstreitkräfte. (U.S. Air Force photo by Heide Couch)

Flieger des 120th Airlift Wing und des 60th Air Mobility Wing luden insgesamt drei Feuerwehrwagen auf eine C-5M Super Galaxy auf der Montana Air Guard Base, Montana, 6. November 2021. Sie wurden im Rahmen des Denton-Programms des Verteidigungsministeriums, das humanitäre Hilfsgüter auf der ganzen Welt bereitstellt, ausgeliefert. (U.S. Air Force)

Staff Sgt. Cameron DiMatteo, Lademeister der 22. Airlift Squadron, geht während einer Basisübung am 18. November 2020 auf der Travis Air Force Base, Kalifornien, in eine C-5M Super Galaxy. Flieger der Travis AFB nehmen an Bereitschaftsübungen teil, um sicherzustellen, dass sie in umkämpften Umgebungen operieren können. (U.S. Air Force photo by Chustine Minoda)

Flugzeugbesatzungen bereiten sich darauf vor, einen HH-60 Pave Hawk-Hubschrauber, von einer C-5 Super Galaxy zu entladen. Die Hubschrauber und die Unterstützungsausrüstung wurden im Rahmen einer gemeinsamen Übung an MacDill AFB geliefert. (U.S. Air Force photo by Airman 1st Class Ryan C. Grossklag)

Flieger des 167. Airlift Wing der West Virginia Air National Guard und des 734. Air Mobility Squadron luden zusammen mit den Matrosen von der Helicopter Sea Combat Squadron TWO-FIVE des A.B. Won Pat International Airport Guam im März 2013 drei MH-60S- und zwei SH-60H-Hubschrauber in das Frachtflugzeug. (U.S. Air Force photo/ Airman 1st Class Courtney Witt)

Ein Ladeteam führt eine Endkontrolle durch. (U.S. Air Force photo/ Airman 1st Class Courtney Witt)

Die Hubschrauber wurden zur Naval Air Station North Island in San Diego transportiert. (U.S. Air Force photo/ Airman 1st Class Courtney Witt)

Eine MH-60S Knighthawk wird im Frachtraum der C-5 Galaxy festgebunden. (U.S. Air Force photo/Airman 1st Class Courtney Witt)

Der Lademeister beim 167. Airlift Wing der West Virginia Air National Guard überwacht wie Matrosen die Position einer MH-60S Knighthawk festlegen. (U.S. Air Force photo/Airman 1st Class Courtney Witt)

Die fünf Hubschrauber sind nun im Frachtraum der C-5 Galaxy verstaut. (U.S. Air Force photo/ Airman 1st Class Courtney Witt)

Eine A-10 Thunderbolt II wird für den Transport zur Robins Air Force Base, Ga. Museum of Aviation Flight and Technology Center auf der Eielson Air Force Base, Alaska, zu einer C-5 Galaxy geschleppt. Dies ist die letzte A-10, die Eielson AFB verlässt. Das Flugzeug wurde 1996 aufgrund des Bedarfs der Air Force an Bodentrainern deaktiviert und seitdem für das Waffenboden-training verwendet. (U.S. Air Force photo/ Staff Sgt. Brian Hibbert)

Die inaktive A-10 Thunderbolt II wird mittels einer Winde in den Laderaum der C-5 Galaxy gezogen. (U.S. Air Force photo/Staff Sgt. Brian Hibbert)

Die Maschine wurde in sechs verschiedene Abschnitte zerlegt; Flügel, Seitenleitwerk, Höhenleitwerk und der Rumpf des Flugzeugs. Ein achtköpfiges Team benötigte hierfür drei Tage. (U.S. Air Force photo/Staff Sgt. Brian Hibbert)

Eine C-5M Super Galaxy wird am 17. März 2020 einer Inspektion durch Flugzeugwartungspersonal der 436th Maintenance Squadron am C-5 Isochronal Inspection Dock auf der Dover Air Force Base, Delaware, unterzogen. (U.S. Air Force photo by Roland Balik)

Eine C-5M Super Galaxy rollt vor einem Start am frühen Abend des 21. August 2020 auf der Dover Air Force Base, Delaware, die Startbahn hinunter.
18 C-5M Galaxy und 13 C-17 Globemaster dieser Airbase machen 20 % der Lufttransportkapazität der USA aus. (U.S. Air Force photo by Roland Balik)

Eine C-5M Super Galaxy hebt am 12. Mai 2021 zu einer Mission auf der Eglin Air Force Base, Florida, ab. Das Flugzeug und die Besatzung besuchten die Basis für eine Reihe von nächtlichen Tests der defensiven Flare-Abwehr-Bewaffnung. (U.S. Air Force photo by Samuel King Jr.)

Eine C-5M Super Galaxy der 436th Airlift Wing setzt ihre defensive Flare-Abwehrbewaffnung frei. (U.S. Air Force photo by Samuel King Jr)

Großer Motorschaden: Flieger der 8th Expeditionary Maintenance und 379th Expeditionary Civil Engineer Squadrons entfernen das Triebwerk Nr. 4 aus einer C-5 Galaxy. Die Galaxy landete mit drei Triebwerken auf dem internationalen Flughafen Bagdad. Ersten Berichten zufolge war der Vorfall das Ergebnis feindseliger Aktionen vom Boden aus. (U.S. Air Force photo by Staff Sgt. Suzanne M. Jenkins)

Eine C-5M Super Galaxy von der Dover Air Force Base, Delaware, landet am 29. April 2020 auf der Andersen Air Force Base, Guam, und liefert Fracht für den Einsatz der 9. Expeditionary Bomb Squadron Bomber Task Force. Die BTF wird zur Andersen AFB entsandt, um die Ausbildungsbemühungen der pazifischen Luftstreitkräfte mit Verbündeten, Partnern und gemeinsamen Streitkräften zu unterstützen; und um strategische Abschreckungsmissionen zur Stärkung der regelbasierten Ordnung in der Indopazifik-Region durchzuführen. (U.S. Air Force photo by Senior Airman River Bruce)

Major Christopher Rinaman, Pilot der 22nd Airlift Squadron C-5M Super Galaxy, manövriert eine C-5M in Richtung einer KC-46A Pegasus für eine Luftbetankung. Die KC-46A ist das neueste Betankungsflugzeug der US Air Force. (U.S. Air Force photo by Chustine Minoda)

Senior Master Sgt. Jennifer Bowen betankt eine C-5M Super Galaxy über Nova Scotia, Kanada, 15. April 2021. (U.S. Air National Guard photo by Master Sgt. Matt Hecht)

Eine C-5 Galaxy des 436th Airlift Wing der Dover Air Force Base, Delaware, fliegt am 24. Mai 2018 über den Norden von Ohio. Die C-5 hat gerade die Luftbetankung durch einen KC-135 Stratotanker der 121st Air Refueling Wing, Ohio, beendet. (U.S. Air National Guard photo by Airman 1st Class Tiffany A. Emery)

Vier KC-135 Stratotanker der US Air Force (USAF) und zwei USAF C-5B Galaxy (Hintergrund) stehen auf der McChord Air Force Base (AFB), Washington (WA), um am einwöchigen, vom USAF Air Mobility Command (AMC) gesponserten Rodeo 98-Lufttransportwettbewerb teilzunehmen. (NARA)

Eine KC-135 Stratotanker des 121st Air Refueling Wing, Ohio betankt eine C-5 Galaxy des 436th Airlift Wing auf der Dover Air Force Base, Delaware, 3. Oktober 2018. (U.S. Air Force, US Air National Guard Foto von Airman 1st Class Tiffany A. Emery)

US Air Force Staff Sgt. John Dittess, Lademeister der 9th Airlift Squadron, bespricht am 7. Juli 2021 auf der RAAF Base Townsville, Australien, die Entladeverfahren für Flieger der Royal Australian Air Force an Bord einer C-5M Super Galaxy der Dover Air Force Base. (U.S. Air Force photo by Senior Airman Faith Schaefer)

Mitglieder des Wartungsteams von Boeing Defense Australia bereiten einen Chinook-Hubschrauber CH-47F für den Versand an Bord einer C-5M Super Galaxy auf der Dover Air Force Base, Delaware, vor. Zwei Chinooks waren Teil des ausländisches Militärverkaufsprogramms der US-Regierung. (U.S. Air Force photo by Roland Balik)

Mitglieder des Wartungsteams von Boeing Defense Australia entfernen einen Bolzen aus dem Vorwärtsgetriebe eines CH-47F Chinook-Hubschraubers auf der Dover Air Force Base, Delaware. (U.S. Air Force photo by Roland Balik)

Ein CH-47F Chinook-Hubschrauber wird auf der Royal Australian Air Force Base Townsville, Australien entladen. (U.S. Air Force photo by Senior Airman Faith Schaefer)

US-Flieger, die dem 60. Air Mobility Wing zugeteilt sind, machen am 28. Oktober 2021 ein Foto mit Feuerwehrchefs der Dominikanischen Republik auf der San Isidro Air Base, Dominikanische Republik. Im Rahmen des Denton-Programms transportierte die 60. AMW-Flugbesatzung mehr als 56.000 Pfund Brandbekämpfungsmittel, in dem Bemühen, die Feuerwehr- und Rettungskapazitäten der Dominikanischen Republik zu modernisieren. (U.S. Air Force photo by Senior Airman Jonathon Carnell)

Staff Sgt. Kyle Lake, Flugbesatzungschef der 60th Aircraft Maintenance Squadron, inspiziert eine C-5M Super Galaxy auf der Travis Air Force Base, Kalifornien. Ein Flugbesatzungschef wird einem Flugzeug für alle Missionen zugewiesen. (U.S. Air Force photo by Senior Airman Jonathon Carnell)

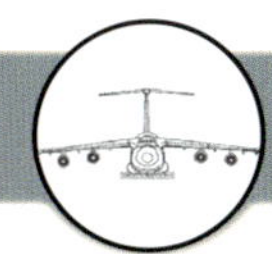

Eine C-5M Super Galaxy ist auf der Travis Air Force Base, Kalifornien, geparkt und zum Flug zur Joint Base Charleston, S.C bereit.
(U.S. Air Force photo by Senior Airman Jonathon Carnell)

Airman 1st Class Daniel Taylor, Lademeister der 22. Airlift Squadron, führt auf der Joint Base Charleston, S.C. einen K-Loader zu einer C-5M Super Galaxy.
(U.S. Air Force photo by Senior Airman Jonathon Carnell)

Die USA schickten medizinische Hilfsgüter nach Indien.
Flieger des 22nd Airlift Squadron bereiten am 28. April 2021 auf der Travis Air Force Base, Kalifornien eine C-5M Super Galaxy vor, um lebensrettende COVID-19-Vorräte nach Indien zu bringen. Die Regierung der Vereinigten Staaten spendete über die US-Agentur für internationale Entwicklung medizinische Versorgung, um Indien bei seinem andauernden Kampf gegen COVID-19 zu unterstützen. Die Hilfe umfasste 440 Sauerstoffflaschen und Atemregler, eine Million N95-Masken und eine Million COVID-19-Schnelldiagnosekits. (U.S. Air Force photo by Nicholas Pilch)

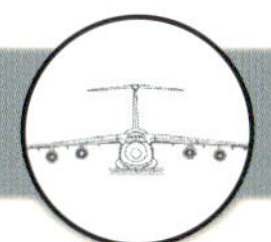

Die Paletten mit Sauerstoffflaschen und anderen Hilfsgütern sind für den Transport nach Indien verzurrt. (U.S. Air Force photo by Senior Airman Jonathon Carnell)

Ankunft der C-5M in Indien. (U.S. Air Force photo by Nicholas Pilch)

Der Flugbesatzungschef der 60. Flugzeugwartungsstaffel beobachtet, wie ein C-5M Super Galaxy-Triebwerk am 18. September 2020 auf dem internationalen Flughafen La Aurora in Guatemala-Stadt startet. Das Geschwader transportierte ungefähr 49.000 Pfund humanitäre Fracht, bestehend aus Nahrungsmitteln, Wasser und Schulmöbeln für guatemalische Gemeinden.
(U.S. Air Force photo by Senior Airman Jonathon Carnell)

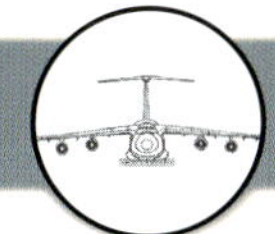

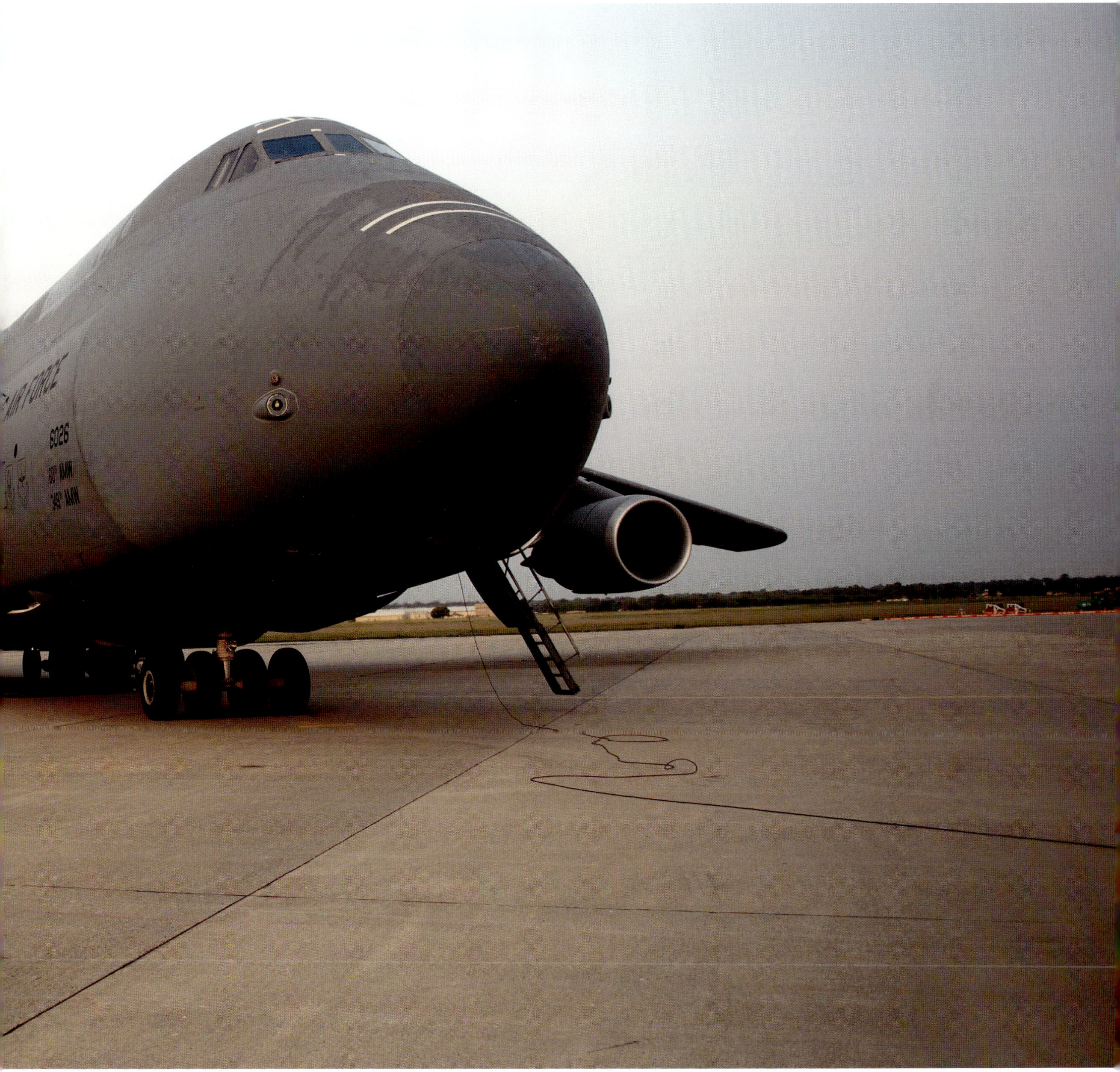
AIR FORCE
6026
60TH AMW
349TH AMW

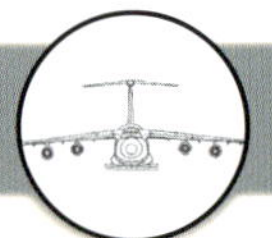

Eine C-5M Super Galaxy, die dem 60. Air Mobility Wing, Travis Air Force Base, Kalifornien, zugewiesen wurde steht am 14. September 2021 auf der Flightline auf der Yokota Air Base, Japan. Flieger der 730th Air Mobility Squadron nahmen an verschiedenen Trainingsübungen teil, darunter Wartung, Inspektionen und Lademöglichkeiten, um die Einsatzbereitschaft aufrechtzuerhalten. (U.S. Air Force)

C-5 Space Cargo Modified (SCM) Galaxy

Die C-5C ist eine Space Cargo Modified (SCM) C-5 Galaxy, die speziell für den Transport von Satelliten und anderer großer Fracht modifiziert wurde. Sie ist die einzige modifizierte Version der C-5, die spezielle Lufttransportunterstützung für Satelliten bietet. Durch die Entfernung des hinteren Truppenraums im Oberdeck und die Modifizierung der hinteren Ladetüren verfügen die C-5C-Flugzeuge über einen größeren Frachtraum als andere C-5s. Es gibt zwei Anschlüsse für die externe Stromversorgung, einen für die Stromversorgung des Flugzeugs und einen für die Stromversorgung des Nutzlastbehälters.

Raumfahrzeuge, wie z. B. ein Knotenpunkt für die Internationale Raumstation, werden in einem speziellen Behälter, dem so genannten Space Container Transportation System (SCTS), transportiert, der so gebaut wurde, dass er in ein Militärflugzeug, insbesondere eine speziell modifizierte C-5C, passt. Die C-5C ist das einzige Flugzeug, in das dieser Kanister passt, und er nimmt fast den gesamten Frachtraum ein. Wenn ein mechanisches Problem mit einer C-5C auftritt und sie unbrauchbar macht, gibt es nur eine weitere speziell modifizierte C-5C, die verwendet werden kann. Die C-5C mit dem SCTS an Bord kommt häufig spät in der Nacht an und wird unmittelbar nach der Ankunft entladen. Das Entladen der C-5C kann etwa sechs Stunden dauern. Der Abstand zwischen dem SCTS-Behälter und den Wänden bzw. der Decke des Flugzeugs beträgt etwa einen Zoll. Das Bewegen des Kanisters erfordert sehr langsame, präzise Bewegungen; im Grunde genommen wird er aus dem Frachtraum herausgeschoben.

Die beiden Flugzeuge wurden in den späten 1980er-Jahren auf die Konfiguration C-5C umgerüstet. Einigen Berichten zufolge wurde das Flugzeug mit der Seriennummer 68-0216 für die SCM-Modifikation ausgewählt, nachdem es mit ausgefahrenem Bugfahrwerk gelandet war und daher in jedem Fall überholungsbedürftig war. Das Flugzeug mit der Seriennummer 68-0213 wurde angeblich nach einem Brand im Truppenraum während der Wartung im Depot ausgewählt. Das Flugzeug wurde 1988 modifiziert und anschließend dem 433rd Air Wing zugewiesen, bis alle Tests und ein Einsatz abgeschlossen waren. Bei diesem ersten Einsatz wurde das Hubble-Teleskop von Kalifornien nach Florida geflogen. Diese beiden Flugzeuge wurden zur Unterstützung der Operation Wüstensturm eingesetzt. Anschließend wurden sie dem 60th Airlift Wing auf der Travis Air Force Base zugeteilt. Travis übernahm die 213 und 216 erst Mitte 1994.

Im Juni 1997 wurde das erste in den USA hergestellte Element der Internationalen Raumstation, eine Komponente namens Node 1, vom Marshall Space Flight Center der NASA in Huntsville, Alabama, zum Startplatz im Kennedy Space Center der NASA in Florida transportiert. Die Transportcontainer mit dem Knoten 1 und der zugehörigen Bodenausrüstung verließen das Army Airfield Redstone Arsenal in Huntsville mit zwei C-5 Galaxy-Flugzeugen der Air Force, einer C-5B und einer C-5C.

Im April 1999 entlud eine Lockheed-Martin-Besatzung auf dem Flugplatz Cape Canaveral eine Atlas-IIA-Rakete aus einer C-5C Galaxy der US Air Force. Die Rakete soll-

te den NASA-Satelliten GOES-L von der Startrampe 36B starten.

Am 10. Dezember 1999 wurde eine C-130 bei einer abgebrochenen Landung auf dem Luftwaffenstützpunkt Al Jabar, Kuwait, beschädigt, wobei drei Personen an Bord getötet und 17 verletzt wurden. Anschließend wurden sie zu einer Notlandung auf dem internationalen Flughafen Kuwait City umgeleitet. Der Rumpf sollte als Beweismittel für die Untersuchung und ein mögliches Kriegsgerichtsverfahren gegen den Piloten aufbewahrt werden. Die Mitglieder des Teams verließen Robins am 17. November 2000, um den Rumpf zum »Friedhof« auf dem Luftwaffenstützpunkt Davis-Monthan in Arizona zu transportieren. Ein 15-köpfiges Team der 653rd Combat Logistics Support Squadron bereitete das Wrack der C-130 in Kuwait für den Transport zum »Schrottplatz« vor. Das Team verwendete eine 16-Zoll-Metallsäge und eine provisorische Achse, um die abgestürzte Hercules für die Verladung in den Frachtraum einer C-5C Galaxy vorzubereiten.

Ziviler Versuch – die L-500

Lockheed plante auch eine zivile Version der C-5 Galaxy, die L-500. Diese Bezeichnung wurde auch Lockheed intern für die C-5 Galaxy verwendet. Von der L-500 waren sowohl Passagier- als auch Frachtversionen geplant. Die reine Passagierversion hätte bis zu 1.000 Passagiere befördern können, während die reine Frachtversion in der Lage sein sollte, typische C-5-Mengen für nur 2 Cent pro Tonnenmeile (in Dollar von 1967) zu befördern. Obwohl die Fluggesellschaften ein gewisses Interesse bekundeten, wurde keine der beiden L-500-Versionen bestellt, Hauptgrund waren die zu hohen Betriebskosten, die durch die niedrige Treibstoffeffizienz verursacht wurden. Bereits vor der Ölkrise der frühen 1970er-Jahre waren die Kosten dieses Entwurfs für den kommerziellen Einsatz zu hoch. Zumal mit der Boeing 747 eine wesentlich wirtschaftlichere Alternative auf dem Markt verfügbar war. Das Scheitern der zivilen L-500, die hohen Entwicklungskosten der C-5 sowie des Passagierjets L-1011 TriStar führten dazu, dass das Unternehmen durch die amerikanischen Regierung finanziell gerettet werden musste.

Die C-5 in der Kritik

Am 29. August 1972 veröffentlichte die New York Times diesen kritischen Beitrag über die Lockheed gewährte finanzielle Unterstützung von 250 Millionen Dollar, um den drohenden Konkurs des Unternehmens abzuwenden. Ein Grund dafür, so die renommierte amerikanische Zeitung des »Big Apple«, sei die schlechte Performance der C-5 Galaxy gewesen.

Vor einem Jahr unterzeichnete Präsident Nixon das Lockheed-Rettungsdarlehen in Höhe von 250 Millionen Dollar. Seitdem hat Lockheed immer wieder überzeugend bewiesen, dass die Umwandlung dieses riesigen Unternehmens in den üppigsten Wohlfahrtsempfänger der Welt ein sehr trauriger Fehler war.

Während Lockheed einen Großteil seiner 250 Millionen Dollar an Rettungsgeldern kassiert hat, hat das Unternehmen seine miserable Leistung bei der C-5A fortgesetzt, ein neues Rettungsdarlehen in Höhe von 120 Millionen Dollar für etwa dreißig nicht benötigte Jet-Prop-Transportflugzeuge beantragt, in diesem Jahr über das Pentagon mehr Geld vom Steuerzahler kassiert als je zuvor und zwei andere riesige Rüstungsunternehmen – Litton Industries und Grumman Aircraft – dazu ermutigt, Lobbyarbeit für einen Platz auf der Liste der Sozialhilfeempfänger zu betreiben. Lockheed hat Litton und Grumman eine sehr praktische Lektion erteilt – der Weg zum Erfolg im Verteidigungsgeschäft ist das Scheitern.

In diesem Frühjahr haben die Ermittler des Rechnungshofs Statistiken zusammengestellt, die zeigen, dass die unglückselige C-5A in jeder Flugstunde einmal pro Stunde eine größere technische Panne erleidet. Der wenig beneidenswerte Pilot des riesigen Jets muss nach Angaben des G.A.O. damit rechnen, dass allein sein Fahrwerk alle vier Stunden ausfällt. Eines der von der Air Force bereits akzeptierten und von den Prüfern der G.A.O. zufällig zur Inspektion ausgewählten Flugzeuge wies 47 größere und 149 kleinere Mängel auf. Vierzehn der Mängel, so berichtete die G.A.O. dem Kongress, »beeinträchtigen die Fähigkeit des Flugzeugs, alle oder einen Teil der sechs ihm zugewiesenen Aufgaben zu erfüllen.«

Natürlich ist die Air Force bestrebt, alle diese Mängel zu beheben, aber das wird natürlich Geld kosten – mindestens weitere 74,5 Millionen Dollar. Seit dem Lockheed-Rettungsdarlehen sind jedoch weder die Air Force noch Lockheed besonders bestrebt, neue Kostenüberschreitungen bei der C-5A zuzugeben. Anstatt also die Existenz dieser neuen Runde von Kostenüberschreitungen ehrlich zuzugeben, hat die Air Force die Kosten stillschweigend in einem Sonderkonto mit der Bezeichnung »Modification/Update Budget« versteckt, das normalerweise für die Modernisierung älterer Flugzeuge verwendet wird.

Betrachtet man die Beziehungen zwischen Lockheed und dem Pentagon seit dem Rettungsdarlehen, so fällt sofort auf, dass weder extern noch intern etwas unternommen wurde, um das Unternehmen für sein skandalöses Management des C-5A-Programms zu bestrafen. Seit dem

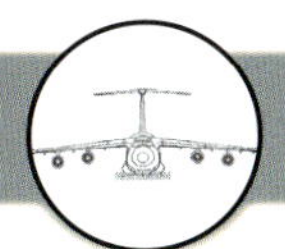

C-5A-Debakel sind die einzigen Veränderungen in den Managementteams durch Beförderungen, Tod oder Pensionierung erfolgt. Niemand wurde wegen seiner Beteiligung an einem der größten und sicherlich bekanntesten Beschaffungsdesaster in der Geschichte des Pentagons entlassen oder degradiert.

Diese Aufnahme des Flightdecks der musealen C-5A zeigt die ursprüngliche Auslegung der 70er-Jahre – im Vergleich zum Glascockpit der C-5M, das im Kapitel 7 vorgestellt wird. (Air Mobility Command Museum / David Tucker)

Trotz der schlechten Leistung bei der C-5A hat das Pentagon in den ersten elf Monaten des Haushaltsjahres, das am 30. Juni endete, insgesamt mehr als 1,5 Milliarden Dollar in die Kassen von Lockheed gepumpt – 43 Millionen Dollar mehr als im Vorjahr. Mit diesem Geld kaufte das Pentagon Raketen, Flugzeuge und fortschrittliche Forschung. Darüber hinaus hat das Pentagon dem Kongress gerade einen 2,2 Milliarden Dollar schweren Nachtragshaushalt für Vietnam vorgelegt, der Geld für dreißig C-130 Jet-Prop-Transportflugzeuge von Lockheed enthält, obwohl nur sieben davon benötigt werden, um im Krieg verlorene Flugzeuge zu ersetzen.

Die Lektion des außerordentlichen Erfolgs von Lockheed beim Scheitern ist auch anderen Rüstungsunternehmen nicht entgangen. Unter Berufung auf die Inflation und den so genannten »Verlust der Geschäftsgrundlage« (der sich aus der Verringerung des Dollarwerts von Verträgen in der Luft- und Raumfahrt ergibt) hat Grumman Aircraft einem speziellen Unterausschuss des Senats mitgeteilt, dass das Unternehmen 405 Millionen Dollar bei seinem 2,2-Milliarden-Dollar-Vertrag über den Bau von 313 F-14 Tomcat-Kampfflugzeugen verlieren wird, wenn die Vertragsbedingungen nicht zugunsten von Grumman angepasst werden. Darüber hinaus hat Litton Industries die Marine um zusätzliche 399 Millionen Dollar für den Bau von fünf marinetauglichen Angriffsschiffen gebeten. Was den Steuerzahler verblüfft, ist die Tatsache, dass diese beiden Unternehmen nicht nur für ihre Kostenüberschreitungen bezahlt werden wollen, sondern auch noch einen kleinen Gewinn einstreichen wollen. Grumman hat dem Senat mitgeteilt, dass sie auf 140 Millionen Dollar Gewinn hoffen, und Litton möchte 71,8 Millionen Dollar Gewinn aus seinem Vertrag ziehen.

Es ist klar, dass das Lockheed-Darlehen, das durch die Großzügigkeit des Pentagons unterstützt wurde, nichts zur Verbesserung der Verwaltung von Großaufträgen im Allgemeinen oder von Lockheed im Besonderen beigetragen hat. Um das Beschaffungswesen des Pentagons zu verbessern, muss die Regierung eindeutig weniger Zuckerbrot und mehr Peitsche einsetzen. Was die Regierung tun sollte, ist, die vertraglichen Verpflichtungen mit einem Rüstungsunternehmen strikt durchzusetzen und, wenn nötig, einen dieser großen Auftragnehmer untergehen zu lassen.

Die amerikanische Flagge hängt stolz im Laderaum des C5A-Museumsflugzeugs des Air Mobility Command Museums auf der Dover Air Force Base. (Air Mobility Command Museum)

Eine Galaxy und eine Antonow An-124 begegnen sich anlässlich der Operation Provide Hope im Jahr 1992 auf der U.S. Air Force Base Rhein/Main. Im Hintergrund bremst ein Douglas DC-8-62F-Frachter der Emery Worldwide mit ausgefahrener Schubumkehr nach der Landung auf einer der Pisten des Frankfurter Flughafens ab. (Sammlung Dr. John Provan)

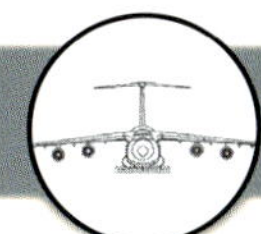

Technische Daten

Lockheed C-5B Galaxy	
Länge:	75,53 m
Spannweite:	67,88 m
Höhe:	19,34
Antrieb:	4 x General Electric TF39-GE-1C Fantriebwerke
Schubleistung:	4 x 191,34 kN
Leergewicht:	169.600 kg
Max. Startgewicht:	380.000 kg
Marschgeschwindigkeit:	ca. 880 km/h
Reichweite:	ca. 4.400 km

Lockheed C-5M Super Galaxy	
Länge:	75,30 m
Spannweite:	67,89 m
Höhe:	19,84 m
Antrieb:	4 x General Electric F-138-GE 100 (zivil: CF6-80C2-L1F) Fantriebwerke
Schubleistung:	4 x 228 kN
Max. Nutzlast:	127.460 kg
Max. Startgewicht:	381.024 kg
Marschgeschwindigkeit:	ca. 830 km/h
Reichweite:	13.000 km (ohne Fracht)
Reichweite:	8.900 km (mit 54.430 kg Nutzlast)

Antonow An-22

Länge:	57,30
Spannweite:	64,40 m
Flügelfläche:	345 qm
Höhe:	12,53 m
Antrieb:	4 x Kusnezow NK-12MA
Leistung:	4 x 11.200 kW
Leergewicht:	114.000 kg
Max. Nutzlast:	60.000 kg
Max. Startgewicht:	250.000 kg
Reisegeschwindigkeit:	ca. 600 km/h
Reichweite:	5.000 km (mit max. Nutzlast)

Antonow An-124

Länge:	69,10 m
Spannweite:	73,30 m
Flügelfläche:	628 qm
Höhe:	21,10 m
Antrieb:	4 x Lotarjew-D-18T Turbofans
Schubkraft:	4 x 229,5 kN
Leergewicht:	173.000 kg
Max. Nutzlast:	150.000 kg (Antonow An-124-100-150)
Max. Startgewicht:	405.000 kg
Reisegeschwindigkeit:	ca. 800 – 850 km/h
Reichweite:	4.800 km (120 Tonnen Nutzlast)

Antonow An-225

Länge:	84,00 m
Spannweite:	88,40 m
Flügelfläche:	905 qm
Höhe:	18,10 m
Triebwerke:	6 x ZMKB Lotarjow D-18T Turbofans
Schubkraft:	4 x 230 kN
Leergewicht:	175.000 kg
Nutzlast:	250.000 kg
Max. Startgewicht:	600.000 kg
Reisegeschwindigkeit:	ca. 800 km/h

Boeing 747-100

Länge:	70,66 m
Spannweite:	59,64 m
Flügelfläche:	511 qm
Höhe:	19,33 m
Triebwerke:	4 x Pratt & Whitney JT9D-7A
Leergewicht:	162.386 kg
Max. Startgewicht:	340.195 kg
Reisegeschwindigkeit:	ca. 905 km/h
Reichweite:	ca. 9.000 km

Boeing 747-200B

Länge:	70,66 m
Spannweite:	59,64 m
Flügelfläche:	511 qm
Höhe:	19,33 m
Triebwerke::	4 x Pratt & Whitney JT9D / General Electric CF6-50 / Rolls-Royce RB211
Leergewicht:	ca. 170.000 (abhängig von Triebwerksmuster)
Max. Startgewicht:	377.840 kg
Reisegeschwindigkeit:	ca. 905 km/h
Reichweite:	ca. 8000 km mit maximaler Nutzlast

Boeing 747SP

Länge:	56,31 m
Spannweite:	59,64 m
Flügelfläche:	511 qm
Höhe:	19,94 m
Triebwerke::	4 x Pratt & Whitney JT9D oder Rolls-Royce RB211
Leergewicht:	147.420 kg
Max. Startgewicht:	317.515 kg
Reisegeschwindigkeit:	ca. 990 km/h
Reichweite:	ca. 10.800 km bei voller Zuladung

Boeing 747-400

Länge:	70,66 m
Spannweite:	64,44 m
Flügelfläche:	541,2 qm
Höhe:	19,40 m
Triebwerke::	4 x Pratt & Whitney PW4062 / General Electric CF6-80 / Rolls-Royce RB211
Leergewicht:	167.500 kg
Max. Nutzlast:	55.000 kg
Max. Startgewicht:	385.000 kg
Reisegeschwindigkeit:	ca. 920 km/h
Reichweite	10.450 km (mit max. Nutzlast)

(Lufthansa Passagierversion)

Airbus A300-600ST Beluga

Spannweite:	44,84 m
Länge:	56,15 m
Höhe:	17,24 m
Triebwerke:	2 x General Electric GE CF6-80C2A8
Laderaumvolumen:	1.400 Kubikmeter
Max. Abfluggewicht:	160.000 kg
Max. Nutzlast:	47.000 kg
Max. Flughöhe:	10.668 m

Boeing 747-8

Länge:	76,30 m
Spannweite:	68,40 m
Flügelfläche:	554 qm
Höhe:	19,40 m
Triebwerke:	4 x General Electric GEnx-2B
Leergewicht:	220.128 kg
Max. Startgewicht:	442.000 kg
Reisegeschwindigkeit:	ca. 910 km/h
Reichweite:	ca. 13.100 km

(Lufthansa Passagierversion)

Airbus A330-743L BelugaXL

Spannweite:	60,30 m
Länge:	63,10 m
Höhe:	18,90 m
Rumpfdurchmesser:	8,8 m
Tragflächen:	2 A350-Tragflächen (100 Prozent mehr als A300-600ST)
Triebwerke:	2 x Rolls-Royce Trent 700
Laderaumvolumen:	2.615 Kubikmeter
Max. Abfluggewicht:	227.000 kg
Max. Nutzlast:	51.000 kg
Max. Reichweite:	4.000 km

Einsatz seit 2019

Aero Spacelines 377SGT 201 Super Guppy

Spannweite:	47,61 m
Länge:	43,83 m
Höhe:	14,71 m
Triebwerke:	4 x Allison 501-D-22e
Länge des Laderaums:	33,90 m (nutzbar), 9,75 m (mit konstanter Höhe)
Breite des Laderaums:	7,65 m (maximal)
Breite der Ladefläche:	3,96 m
Max. Abfluggewicht:	77,11 Tonnen
Max. Nutzlast:	24 Tonnen
Max. Flughöhe:	7.315 m

Die Antonow AN-124 hält diverse Schwergewichts-Weltrekorde, die sie unter anderem der Lockheed C-5 strittig machte. (Sammlung des Autors)

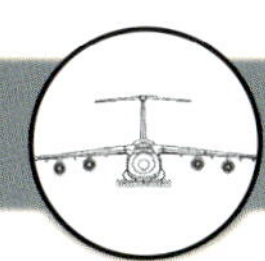

Wettbewerber

Die Antonow-Giganten

An-22 Antäus, An-124 Ruslan & An-225 Mrija

Die lange Geschichte der Antonow-Flugzeuge geht auf den von Oleg Konstantinowitsch Antonow in den 30er-Jahren entwickelten Lastensegler An-7 zurück. Bereits damals stand der Transport von Truppen, Fahrzeugen und Nachschubgütern im Vordergrund – eine Verwendung, die sich bis in die Gegenwart durch die gesamte Geschichte des heutzutage als »wissenschaftlich-technischer Komplex für Luftfahrt O. K. Antonow« bezeichneten Unternehmens mit Sitz in der ukrainischen Hauptstadt Kiew zieht. In den Pionierjahren war die Ukraine jedoch noch kein selbständiger Staat sondern eine sowjetische Teilrepublik und so kamen die von Antonow entwickelten Flugzeugmuster in großen Stückzahlen bei Aeroflot und dem Militär im gesamten Gebiet der UdSSR zum Einsatz. Zur Legende wurde der größte einmotorige Doppeldecker der Welt vom Typ An-2, dessen Entwicklung im Jahr 1947 ihren Anfang nahm und von dem allein rund 18.000 Exemplare gebaut wurden.

Spektakulär war das westliche Debut der An-22 Antäus auf dem Pariser Luftfahrtsalon des Jahres 1965. Kein westliches Serienmuster konnte es zu jenem Zeitpunkt mit ihr in punkto Nutzlast aufnehmen. Der Erstflug jener An-22 fand am 24. Februar 1965 statt, und am 26. Oktober 1967 stellte Testpilot Dawidow auf einem Flug mit einer Nutzlast von 100.444,6 kg gleich 15 Rekorde in unterschiedlichen Gewichtsklassen auf. Angetrieben wird die An-22 von vier Kusnezow NK-12MA Turboprop-Triebwerken, die auf je zwei gegenläufige Vierblatt-Propeller wirken. Dieser bis

Die Antonow AN-22 ist der größte aktive zivile Turboprop-Frachter. Allerdings wurde die einzige im Jahr 2022 flugfähige Maschine der Antonov Airlines bei einem russischen Angriff am 24. Februar des Jahres auf das Antonow-Werk Hostomel bei Kiew stark beschädigt. (Antonov Airlines)

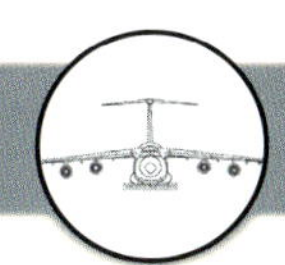

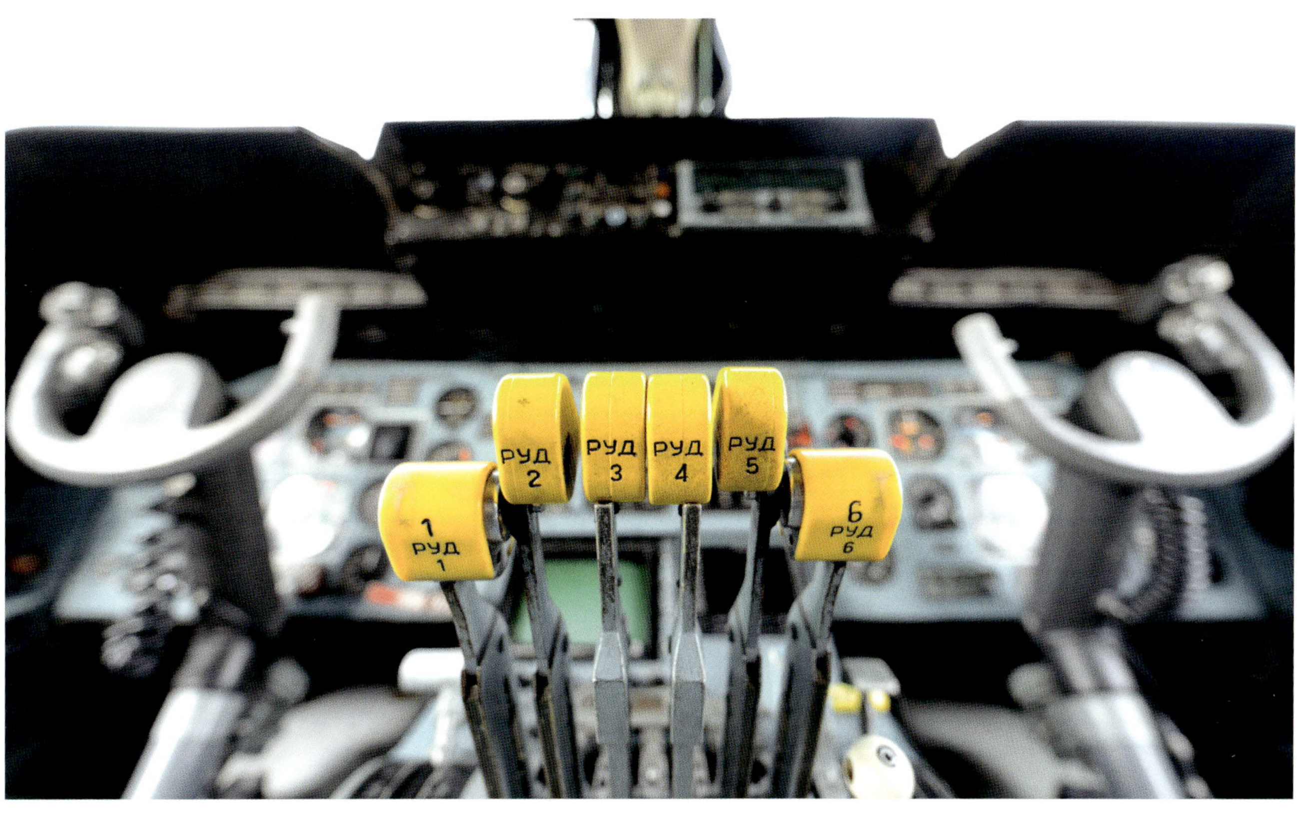

Die Ukraine plant den Wiederaufbau der zerstörten AN-225, deren sechs Schubhebel markant in gelb leuchten. (Antonov Airlines)

heute stärkste in Serie gebaute Turboprop-Motorentyp wurde nach dem Ende des Zweiten Weltkriegs von Junkers-Ingenieuren entwickelt, die von den russischen Besatzungstruppen für mehrere Jahre nach Moskau verbracht, und dort zum Entwurf russischer Flugzeug- und Motorentypen basierend auf deutschen Entwicklungen des Zweiten Weltkriegs zwangsverpflichtet wurden. Von der An-22 wurden zwischen 1965 und 1978 insgesamt 68 Flugzeuge gebaut, von denen einige noch heute im Einsatz stehen. Um sperrige Fracht problemlos in den 33 Meter langen und 4,4 Meter breiten Frachtraum laden zu können verfügt der Turboprop-Frachter über eine Heckladerampe, die auch im Flug zum Absetzen von militärischer Fracht oder Fallschirmspringern geöffnet werden kann.

Mit den gigantischen Maßen der An-22 gaben sich die Antonow-Konstrukteure jedoch noch nicht zufrieden und entwickelten in den 70er-Jahren mit der vierstrahligen An-124 Ruslan eine weitere Weltrekordlerin, die den von der US-amerikanischen Lockheed C-5 Galaxy zwischenzeitlich gehaltenen Titel als Schwertransporter mit der größten Nutzlast der Welt wieder abnahm. Erstflug des ursprünglich für die sowjetische Luftwaffe entwickelten Großraumjets war am Heiligabend des Jahres 1982. Seit der Öffnung des Eisernen Vorhangs werden An-124 von Fluggesellschaften auch an zivile Frachtkunden und selbst ad-hoc an die Armeen der westlichen NATO-Staaten zum Transport sperriger und großvolumiger Frachtsendungen vermietet. Im Sommer 2019 setzten die 1990 ins Leben gerufene russische Volga-Dnepr Airlines sowie die 1989 gegründete ukrainische Antonov Airlines Maschinen dieses Typs ein. Für beide Frachtfluglinien ist der Flughafen Leipzig/Halle ein bedeutender logistischer Umschlagplatz, der somit regelmäßig An-124 sowie die weltweit einzige An-225 auf seinem Vorfeld zu Gast hat.

Auf den Namen »Mriya« – »Traum« – wurde das größte Modell der Antonow-Flugzeugwerke getauft. Mit einer Nutzlast von 250 Tonnen hält die sechsmotorige An-225 den Schwerlastrekord unter den Transportmaschinen dieser Welt. Ein einziges Exemplar dieses Spezialflugzeugs wurde in der heutigen Ukraine von Antonow gebaut, das am 21. Dezember 1988 erstmals an den Start ging und im Jahr darauf in Dienst gestellt wurde. Am 25. Februar 2022, einen Tag nach dem Angriff russischer Truppen auf die Ukraine, wurde die An-225 auf dem Antonow-Werksflugplatz Gozomel von Raketen beschossen und irreparabel beschädigt.

Zurück zu besseren Zeiten: Im Jahr 2019 bot die zum Flugzeughersteller gehörende Fluglinie Antonov Airlines

Flieger des 129th Rescue Wings laden auf dem Moffett Federal Airfield, Kalifornien, einen HH-60G Pave Hawk-Rettungshubschrauber auf ein beauftragtes russisches Wolga-Dnepr AN-124-Langstrecken-Schwertransportflugzeug. Sie transportierte ANG-Rettungshubschrauber nach Afghanistan, weil das hohe Betriebstempo der Operationen Iraqi Freedom and Enduring Freedom die Flugzeuge C-17 Globemaster III und C-5 Galaxy in vollem Einsatz gehalten hatte. (U.S. Air Force photo/Senior Master Sgt. Christopher Hartman)

Die AN-124 wird mit weiteren Frachtgütern beladen. (U.S. Air Force photo/Master Sgt. Daniel Kacir)

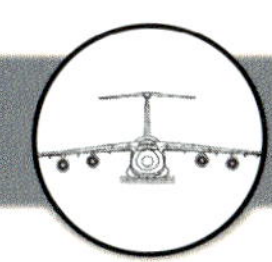

Die AN-124-ist auf dem Moffett Federal Airfield geparkt. (U.S. Air Force photo/Senior Master Sgt. Christopher Hartman)

Die AN-124 hebt vom Moffett Federal Airfield ab. (U.S. Air Force Foto/ Master Sgt. Daniel Kacir)

Die Antonow AN-125, Stolz der ukrainischen Luftfahrtindustrie, ging bei dem gleichen Angriff der russischen Armee auf das Antonow-Werk Hostomel verloren, bei dem die AN-22 beschädigt wurde. (Antonov Airlines / Stepanov Slava)

ihre An-225 exklusiv für weltweite Charteraufträge an. Ursprünglich für die Beförderung großer Außenlasten konzipiert, hat die Maschine über einen Zeitraum von 30 Jahren 242 Schwerlast-Weltrekorde aufgestellt. Zu Zeiten der Sowjetunion transportierte Mriya beispielsweise die russische Energiya-Rakete oder das einstige russische Weltraum-Shuttle Buran huckepack auf ihrem Flugzeugrumpf. Das sowjetische Pendant zum amerikanischen Space Shuttle, das diesem auf den ersten Blick auch zum Verwechseln ähnelt, von dem aber lediglich ein flugfähiges Exemplar produziert wurde, das nur zu einem einzigen Flug in den Weltraum abhob, verfügt immerhin über eine Flügelspannweite von 23,92 m und eine Gesamtlänge von 36,37 m. In den USA übernahmen hingegen keine Transporter-Neubauten sondern umgebaute Boeing 747-100 die Shuttle-Transporte vom Landeplatz zum Raumfahrtzentrum Cape Canaveral von wo aus die Raumfähren erneut ins Weltall starteten.

Das Design der An-225 basiert auf dem gestreckten Rumpf der viermotorigen An-124. Wie diese verfügt die An-225 über spezielle Frachtladegeräte wie Kräne und Seilzüge, um Lasten mit einem Einzelgewicht von bis zu 200.000 kg an Bord zu hieven. Im Vergleich zum kleineren Schwestermodell ist die Kabine der AN-225 um 6,8 Meter länger und verfügt mit 250 Tonnen über eine um 100 Tonnen höhere Nutzlast. Seit ihrem Jungfernflug am 21. Dezember 1988 transportierte die AN-225 unzählige schwere und übergroße Frachtstücke rund um den Globus und soll, geht es nach dem Willen der ukrainischen Regierung, mit Bauteilen eines unvollendeten Schwesterflugzeugs wieder aufgebaut werden.

Boeing 747

Der »Jumbo Jet«

Am 9. Februar 1969 startete der Boeing 747 Prototyp in Everett zu seinem Erstflug. An jenem Tag erhob sich nicht nur der bis dahin größte jemals gebaute Passagierjet erstmals in die Lüfte, sondern Boeing eröffnete auch gleichzeitig das Zeitalter der »Wide Body«-Großraumflugzeuge. Mit ihren Dimensionen setzte die 747 den Standard für alle nachfolgenden großen Verkehrsflugzeuge. Sei es beim Layout von Flughafen-Gates, der Größe von Gepäck- und Frachtcontainern oder den Maßen der für die Bodenabfertigung erforderlichen Hubfahrzeuge. Mittlerweile hat ihr der Airbus A380 den Rang als größtes Passagierflugzeug der Welt abgenommen, doch steht das unverwechselbare und für ein so großes Flugzeug ausgesprochen elegante Design auch ein halbes Jahrhundert nach dem Erstflug für den fest stehenden Begriff des »Jumbo Jets«.

Die Geschichte der Boeing 747 begann im August des Jahres 1965 mit einem Anruf von Dick Rouzie, Leiter des Engineering der Boeing Transport Division, bei Boeing-Ingenieur Joe Sutter. Dieser machte gerade in seinem Ferienhaus am idyllischen Hood Canal unweit Seattles Urlaub als sein Nachbar plötzlich vor ihm stand und unwirsch verkündete: »Hey Sutter. Sie rufen Dich auf meinem Telefon an«. Das Ferienhaus der Sutter-Familie verfügte über kein eigenes Telefon, und so hatte er seinem Büro aufgetragen ihn nur in Notfällen mit Hilfe des Nachbarn in seiner Sommerfrische zu stören. Dick Rouzie betrachtete seine Nachricht als solchen Fall – wenn auch in positiver Hinsicht. Bot er doch Joe Sutter an jenem Tag die Projektleitung für einen neuen Boeing-Jet an, der alle bislang im zivilen Flugzeugbau bekannten Dimensionen sprengen sollte. Dies war die Geburtsstunde des »Jumbo Jets«!

Joe Sutter war zu jenem Zeitpunkt als leitender Ingenieur an der Entwicklung der Boeing 737 beteiligt, die nur wenige Monate zuvor mit Bestellungen von Lufthansa und United Air Lines offiziell an den Start gegangen war. Nach dem kleinsten Spross der Boeing-Jetfamilie sollte Sutter nun mit der 747 nicht nur das größte Muster, sondern auch die bei weitem größte Herausforderung seiner beruflichen Karriere übertragen bekommen.

Wie bereits bei zahlreichen Boeing-Jets zuvor, war Pan American World Airways (PAA) die treibende Kraft hinter der Entwicklung des künftigen Megaliners. Die Bestellungen des PAA-Gründers und Präsidenten Juan T. Trippe hatten bereits entscheidenden Einfluss auf den Erfolg des Boeing-Flugbootes 314, des luxuriösen 377 »Stratocruiser«, sowie der vierstrahligen Boeing 707. Nun forderte Trippe das Boeing-Management erneut heraus, in dem er die Bestellung von 25 jener »Jumbo Jets« in Aussicht stellte, falls ihm der Hersteller deren Bau garantieren sollte. Als Sutter mit den Detailuntersuchungen begann, war Boeing parallel mit zwei prestigeträchtigen Studien beschäftigt. So beteiligte sich das Unternehmen an der Ausschreibung der U.S. Air Force für ein C-5 genanntes Transportflugzeug mit einer damals unvorstellbaren Nutzlast von über 100 Tonnen. Zudem war Boeing mit der Entwicklung des 2707-Überschalljets in Konkurrenz zur britisch-französischen »Concorde« befasst. Die 2707 war mit komplexen Schwenkflügeln konzipiert, um in allen Geschwindigkeitsbereichen über den optimalen Auftrieb zu verfügen und sollte bis zu 300 Passagiere mit Mach 2,7

transportieren können. Beide Projekte genossen zunächst firmenintern eine höhere Priorität als die noch zaghaften Anfänge des 747-Designs. So musste sich Sutter zunächst mit 20 Mitarbeitern begnügen – im Vergleich zu 500 Kollegen, die an der C-5-Ausschreibung mitwirkten. Es galt zudem unter den Boeing-Ingenieuren als besondere Auszeichnung in das prestigeträchtige 2707-Team berufen zu werden. Dem Überschall-Luftverkehr wurde Mitte der 60er-Jahre eine große Zukunft vorhergesagt und der gigantische 747-Jet galt vielen Insidern hingegen eher als anachronistischer Dinosaurier des Luftverkehrs.

Als die Pan American und Boeing-Präsidenten Trippe und Allen am 22. Dezember 1965 eine Absichtserklärung über 25 Boeing 747 unterzeichneten, hatten sich die internen Gewichtungen bereits seit dem Verlust des sicher geglaubten C-5-Projektes an Lockheed zu Gunsten der 747 verschoben. Zu jenem Zeitpunkt gab es von dem geplanten »Jumbo Jet« weder ein festgelegtes Design noch einen verfügbaren Antrieb. Beide Projekte, Flugzeugmuster und dessen Triebwerke, wurden parallel gestartet. Als sich Boeing für das Pratt & Whitney JT9D entschied, existierte dieser Motor lediglich auf dem Papier der Entwick-

Die Frachtversion der Boeing 747-200 wurde im Jahr 1972 von der Lufthansa initiiert. Sie knüpft an die ursprüngliche Idee an, mit der Boeing um den Auftrag der U.S. Air Force für einen Großraumtransporter kämpfte – und ihn an die Lockheed C-5 verlor. (Lufthansa)

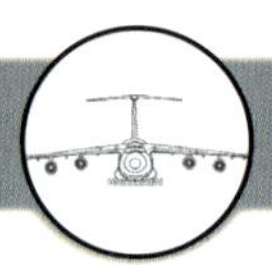

Die Bugklappe der 747F bietet ebenfalls die Möglichkeit Frachtsendungen von vorne in den Laderaum zu befördern. Allerdings fehlt ihr die Heckklappe der Lockheed C-5. Dennoch »lächelt« kein Großraumfrachter so schön wie der »Jumbo«. (Lufthansa)

lungsabteilung des Triebwerksherstellers. Im Vergleich zum Vorgängermodell Boeing 707 sollte der »Jumbo« das Zweieinhalbfache an Passagieren befördern können. Dafür entwickelte Pratt & Whitney einen Antrieb, der den 2,5fachen Schub des bis dato leistungsfähigsten zivilen Jet-Motors lieferte.

Nach festen Bestellungen von Pan Am über 25 Maschinen sowie Aufträgen von Lufthansa, Japan Air Lines und British Overseas Airways Corporation (BOAC) wagte der Boeing-Vorstand am 25. Juli 1966 den offiziellen Programmstart – und nur ein Jahr später begannen in der Endmontagelinie in Everett, dem volumenmäßig größten Gebäude der Welt, die ersten Produktionsarbeiten. Wie die meisten Flugzeugprojekte, so wurde auch die 747 nicht von Entwicklungsproblemen verschont. Nachdem das endgültige Flugzeugdesign feststand musste es im Jahr 1967 wieder abspecken, damit Boeing die zugesagten Spezifikationen einhalten konnte. Die gesamte Struktur wurde Zentimeter für Zentimeter nach Einsparpotentialen untersucht, Strukturanteile reduziert oder durch leichtere Materialien ersetzt. Entscheidend für den späteren Erfolg waren nicht zuletzt die hervorragenden Flugeigenschaften der 747, die anhand von Großmodellen in insgesamt 13.000 Windkanal-Stunden ermittelt wurden. Als Konsequenz aus den dabei gewonnenen Erkenntnissen veränderte Boeing mehrfach die Positionierung der Triebwerke, änderte die Form der Triebwerksaufhängungen und Landeklappen, plante neue Fahrwerke und passte die Höhen- und Seitenruder sowie das Heckdesign zur Reduzierung des Luftwiderstands an.

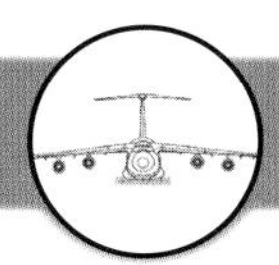

Die Endmontage in Everett startete im September 1967 mit dem Eintreffen der ersten im Boeing-Werk Wichita vorgefertigten Bugsektion. Als nächster Meilenstein konnte im März 1968 der erste Flügel aus der Montagehalterung gelöst werden. Das Flugzeug ging zwar unaufhaltsam seiner Vollendung entgegen, doch war zu jenem Zeitpunkt noch kein einziges Pratt & Whitney JT9D-Triebwerk auf dem Prüfstand gelaufen! Erst im Juni 1968 konnte erstmals ein JT9D-Motor in seinem künftigen Element getestet werden. Nicht an einer 747, sondern unter dem Flügel eines Boeing B-52 Experimentalflugzeugs montiert. So präsentierte Boeing seinen neuen Stolz der Weltöffentlichkeit beim feierlichen »Roll-Out« am 30. September 1968 noch ohne funktionsfähigen Antrieb.

Erst nach Lieferung der Motoren konnten im Januar 1969 erstmals die Flugzeugsysteme des Prototyps mit der treffenden Zulassung N7470 aktiviert und das Fahrwerk sowie die Ruder und Klappen auf ihre Funktion hin getestet werden. Am 9. Februar zeigte sich Boeing-Testpilot Jack Waddell soweit mit dem technischen Zustand der »City of Everett« getauften Maschine zufrieden, dass er beschloss mit seiner Crew den Erstflug zu wagen. Sein Kommentar direkt nach der Landung: »Das Flugzeug fliegt sich wie ein Pilotentraum«. Obgleich die US-Luftfahrtbehörde FAA der Boeing 747 am 31. Dezember 1969 ihre Musterzulassung erteilte war der Einsatz bei den Airlines von einer beispiellosen Pannenserie begleitet die in den ersten Betriebsjahren dem Ruf des Flugzeugmusters sowie seiner JT9D-Triebwerke schadete. Von Januar 1970 bis April 1971 meldete allein Pan Am 431 Triebwerksausfälle auf Linienflügen ihrer 25 Maschinen.

Andere bedeutsame 747-Kunden der ersten Stunde, wie BOAC, Lufthansa, TWA und Japan Air Lines sahen sich vor identische Herausforderungen gestellt. Ungeachtet dieser Kinderkrankheiten füllten sich die Auftragsbücher weiter und am Ende des Jahres 1970 hatte Boeing bereits 96 Flugzeuge an seine Kunden ausgeliefert. Auf die Basisversion 747-100 folgte die verbesserte 747-200B mit einem auf 377 Tonnen erhöhten maximalen Startgewicht. Schnell zeigte sich, dass Joe Sutter und sein Team ihrem »Jumbo Jet« soviel Entwicklungspotential verliehen hatten, dass daraus eine ganze 747-Flugzeugfamilie entstehen konnte. Gleich, ob als von Lufthansa initiiertem 747-200F Frachter, in der für Pan Am entworfenen kurzen 747SP-Variante mit extrem großer Reichweite, als von Swissair erstmals bestellter 747-300 mit verlängertem Oberdeck, von Lufthansa angeschobener 747-400 mit Glascockpit, als »Air Force One« des US-Präsidenten oder als aktuelle 747-8 »Intercontinental« mit weiter entwickelten Tragflächen, äußerst sparsamen Motoren und gestrecktem Rumpf – der unverwechselbare »Jumbo« ist bis in die Gegenwart aus der Luftfahrt nicht mehr wegzudenken.

Airbus A330-743L »BelugaXL«

Der weiße Wal

Am Mittwoch den 22. Mai 2019 landete erstmals eine A330 Beluga XL auf dem Airbus-Werksflughafen Hamburg-Finkenwerder. Fünf Exemplare des größten, jemals von dem europäischen Flugzeughersteller eingesetzten Transportflugzeugs werden im europäischen Pendelverkehr zum Einsatz gelangen. Als pan-europäischer Flugzeughersteller mit Werken in Deutschland, Frankreich, Großbritannien und Spanien gegründet, war Airbus von Anbeginn auf eine funktionierende Transportlogistik ihrer dort hergestellten Großbauteile angewiesen. Zunächst befand sich im französischen Toulouse die einzige Endmontagelinie des als Airbus Industrie-Konsortium gestarteten Unternehmens. Für die Wahl des südfranzösischen Standorts sprach einerseits das dort gebündelte Know-how der an der SE 210 »Caravelle«- und »Concorde«-Produktion beteiligten Flugzeugbauer und andererseits das gemäßigte Klima im Südwesten Frankreichs, das optimale Bedingungen für die Airbus-Testflüge erwarten ließ. Nachdem die Projektpartner bereits in einem frühen Planungsstadium festgelegt hatten, dass nicht kleine Strukturbauteile aus den europäischen Partner-Werken zur Endfertigung angeliefert werden sollten, sondern komplett mit Systemen ausgerüstete Rumpfsektionen und Tragflächen, galt es zunächst die Frage zu klären, wie dies in der Praxis umzusetzen ist. Eine Verladung der Airbus-Komponenten per Schiff wäre sowohl vom britischen Broughton als auch von Hamburg an der Elbe oder dem am Atlantik gelegenen französischen Werk in Saint-Nazaire möglich gewesen. Der Knackpunkt an dieser Idee war jedoch die Lage von Toulouse im Binnenland, was daher nur über einen kombinierten Transport per Hochseeschiff / Binnenschiff / Lkw mit zweimaligem Umladen erreichbar war – und so verschwand diese Idee schnell wieder aus den Köpfen der beteiligten Logistiker. Die alternativ angedachte Beförderung der 5,6 Meter im Durchmesser großen Rumpftonnen sowie der Tragflächen auf dem europäischen Straßennetz hätte zum permanen-

Die Beluga XL basiert auf dem Langstrecken-Airbus A330 und ist der größte zwischen den europäischen Werken von Airbus eingesetzte Transporter von Bauteilen des pan-europäischen Flugzeugherstellers. (Airbus S.A.S.)

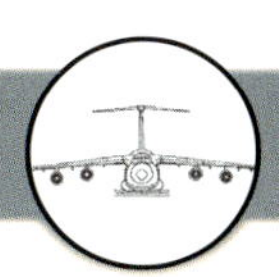

ten Ausnahmezustand auf den damals noch nicht gut ausgebauten Verkehrsadern Europas geführt, während der Bahntransport auf Grund der Übergröße der Bauteile von vornherein nicht in Betracht kam. Ganz abgesehen von dem Risiko, dass die empfindlichen Bauteile bei Landtransporten leicht hätten beschädigt werden können. Eine Erfahrung die Boeing bis heute macht, denn die per Bahn aus Wichita nach Seattle zur Endmontage angelieferten 737-Rümpfe sind ein beliebtes Ziel von Waffennarren, die diese Transporte für ihre Schießübungen nutzen. Der Luftweg schien somit für Airbus die sicherste und schnellste Art der pan-europäischen Bauteil-Logistik – doch welches Flugzeug war in der Lage diese Aufgabe zu übernehmen? Die Antwort auf diese brennende Frage lieferte die amerikanische Weltraumbehörde NASA und ihr Programm bemannter Flüge zum Mond. Wie die Europäer war auch die NASA auf der Suche nach einer Lufttransportmöglichkeit der an verschiedenen Standorten in den USA vormontierten Saturn V-Raketenbauteile, die nach Florida zur Endmontage der Mondrakete zu transportieren waren. Die Lösung der Transportprobleme bot Jack Conroy. Er hatte zusammen mit Lee Mansdorf Anfang der 60er-Jahre mit der Umrüstung von Boeing 377 »Stratocruiser«-Passagierflugzeugen und ihren militärischen C-97-Pendants zu Frachtern für großvolumige Ladungen begonnen. Ihr 1961 gegründetes Unternehmen Aero Spacelines baute diverse Modelle in unterschiedlichen Größen. Der »Pegnant Guppy« folgte die noch größere »Super Guppy« mit vier Pratt & Whitney T-34P7 Turboprop-Motoren, deren erstes Exemplar sich aus Komponenten der einstigen Pan American Boeing 377 »Clipper Constitution« sowie der BOAC Maschinen G-ALSB »Champion« und G-ALSC »Centaurus« zusammensetzte. Sämtliche nachfolgenden Maschinen basieren hingegen auf militärischen Boeing C-97 Rümpfen, Tragflächen und Leitwerken. Die erste Aero Spacelines 377SG »Super Guppy« konnte bereits von vorne mit Bauteilen be- und entladen werden, nachdem der komplette Bug einschließlich des Cockpits zur Seite geschwenkt wurde. Das erste Exemplar, das sich noch bezüglich Form und Antrieb von den späteren Airbus-Maschinen unterschied, startete am 31. August 1965 zu seinem Erstflug am Aero Spacelines-Firmensitz Van Nuys. Fünf weitere Jahre sollten vergehen bis die weiter entwickelte Version 377SGT 201 am 24. August 1970 das Flugtestprogramm aufnahm. Nachdem Airbus das erste Exemplar 1971 erworben hatte, gab der europäische Flugzeughersteller 1973 die Produktion eines weiteren Exemplars in den USA in Auftrag. Dabei blieb es zunächst, bis Airbus nach dem Hochfahren der A300-Produktion 1978 den Bedarf für zwei zusätzliche »Super Guppy« anmeldete und somit eine Verdoppelung seiner Transporter-Flotte plante. Aero Spacelines schloss daraufhin mit Airbus Industrie einen Lizenzvertrag über den Bau dieser von UTA Industries in Paris-Le Bourget für Airbus hergestellten Flugzeuge. Das erste Exemplar mit der Nummer »3« im Heck feierte im Mai 1982 seinen Roll-Out, und wurde von Airbus mit dem Kennzeichen F-GDSG im August des Jahres in Dienst gestellt. Die vierte und letzte produzierte »Super Guppy« flog erstmals am 21. Juni 1983 mit dem Kennzeichen F-GEAI. Der Betrieb der vier Maschinen oblag Aéromaritime die von der französischen Fluggesellschaft UTA zu diesem Zweck in Paris-Le Bourget gegründet wurde. Die Produktion jeder einzelnen A300 und A310 erforderte acht Flüge der »Super Guppy«-Flotte mit einer Gesamtflugzeit von 45 Stunden bei der sie eine Entfernung von 12.875 Kilometer zurücklegten. Während Bremen und Hamburg (beide MBB), Getafe bei Madrid (CASA), Nantes und St. Nazaire (beide Aérospatiale) über eigene Werksflughäfen und Verladestationen der dort gefertigten Bauteile verfügten, wurden die rund 20 Tonnen wiegenden Flügelpaare einer A300 gut verpackt von Broughton zum nahegelegenen Verkehrsflughafen Manchester per Straßentransport befördert und erst dort an Bord der »Super Guppy« verstaut. Erstes Ziel auf dem Weg zur Endmontage war das MBB-Werk in Bremen, wo die Flügel mit den an anderen Standorten hergestellten beweglichen Komponenten komplettiert wurden. Da die voll funktionsfähig ausgerüsteten Flächen als Paar die maximale Nutzlast der SGT 201 überschritten hätten, mussten sie einzeln nach Toulouse per »Super Guppy« weiter transportiert werden.

Obgleich die unförmigen Frachter bei Böen und starkem Seitenwind nur schwer im Flug zu beherrschen waren, erreichten sämtliche von ihnen transportierten Airbus-Bauteile unversehrt ihr Ziel. Dies selbst nach kleinen Ausflügen in die Grünstreifen seitlich der Landebahnen, nachdem nordeuropäische Sturmböen Mensch und Maschine an ihre Grenzen brachten. Airbus verdankt ihren vier »Super Guppy« nicht mehr und nicht weniger als die Existenz als pan-europäischer Flugzeugbauer. Ohne ihre Hilfe wäre das gigantische Logistik-Puzzle ab den 70er-Jahren nicht zu vollenden gewesen. Seit ihrer Ablösung durch Airbus A300-600ST »Beluga« erinnern je ein im Airbus-Werk Hamburg-Finkenwerder und im Luftfahrtmuseum »Aeroscope« in Toulouse-Blagnac ausgestelltes Exemplar an dieses bedeutende Kapitel der Airbus-Geschichte. Eine Erfolgsstory die bei der NASA ihre Fortsetzung fand. Nachdem ihre erste »Super Guppy« 377SG im Jahr 1990 ausgemustert wurde, erhielt sie im Oktober 1997 die

Aero Spacelines 377SGT 201 »Airbus Transporter 04« als Gegenleistung für den Transport von zwei Experiment-Einheiten der europäischen Raumfahrtagentur ESA zur internationalen Raumstation ISS. Die »Super Guppy« der NASA stand auch im Sommer 2019 für die US-Raumfahrtagentur im aktiven Einsatz. Unter anderem wurde sie bei Spezialtransporten von Satelliten oder Raketenbauteilen im Rahmen von Weltraummissionen genutzt.

Ab 1995 lösten schrittweise fünf »Beluga« ihre »Super Guppy«-Vorgängerinnen auf dem dichten Airbus-Werksverkehr zwischen den europäischen Standorten ab. Die von der Airbus-Tochtergesellschaft Airbus Transport International (ATI) betriebenen A300-600ST basieren auf der Frachtausführung des A300-600 Serienflugzeugs. Analog zur »Super Guppy« wurden ihre Rumpfunterschalen um den voluminösen Aufbau darüber ergänzt und das komplette Cockpit auf das Niveau des Unterflurfrachtraums abgesenkt. Das Ergebnis ist ein gigantischer Frachtraum mit einem Volumen von 1.400 Kubikmetern. Vergleicht man die »Beluga« mit dem viermotorigen Großtransporter Antonow An-124, so ist der Frachtraum der A300-600ST nochmals 1,20 m länger, 2,70 m höher und 0,70 m breiter als jener ihres ukrainischen Pendants. Mit einem Weltrekord demonstrierte ATI im Juni 1997, dass die »Beluga« auch für den Transport anderer Frachtgüter als Airbus-Baugruppen geeignet ist. Als größtes jemals zuvor geflogenes Frachtstück befand sich ein 39 Tonnen schwerer Chemietank mit den Rekordmaßen von 17,6 m Länge und 6,5 m im Durchmesser an Bord des »Beluga«-Fluges vom zentralfranzösischen Clermont-Ferrand nach Le Havre an der französischen Atlantikküste. Nur der Frachtraum eines »weißen Wals« erlaubte die Zuladung dieser außergewöhnlichen Luftfracht. Gegenüber dem alternativen Straßentransport war der Luftweg zwar viermal so teuer, doch im Ergebnis wesentlich schneller und sicherer abzuwickeln als der Transport per Tieflader über die gesamte Strecke. Mit diesem und anderen spektakulären Flügen testete ATI in den 90er-Jahren die Tauglichkeit der A300-600ST für den kommerziellen Einsatz im Markt für Frachtsendungen mit Übergröße. Mit voller Zuladung von 47 Tonnen reichte die Tankfüllung einer »Beluga« in den ersten Jahren gerade einmal für eine Flugstrecke von 1.667 Kilometern. Erst mit der fünften gebauten Maschine stieg die Tankkapazität der A300-600ST um weitere fünf Tonnen. Die übrigen vier Exemplare wurden im Jahr 2001 entsprechend nachgerüstet. Diese Steigerung des maximalen Startgewichts auf 160 Tonnen reichte aus, um die »Beluga« für eine Nonstop-Überquerung des Nordatlantiks bei 30 Tonnen Nutzlast zu qualifizieren. Dass die »Beluga«-Flotte derzeit nur noch selten auf Flügen außerhalb des Airbus-Verbundes zum Einsatz gelangt liegt vor allem an dem Erfolg der A320, A330 und A350-Programmen, deren hohen Produktionszahlen alle fünf A300-600ST auf den Werksverkehr-Routen unverzichtbar macht.

Im November 2014 startete Airbus das als Ablösung der A300-600ST gedachte Beluga XL-Programm, um die erforderlichen Transportkapazitäten für den Produktionshochlauf der A350 XWB und die gesteigerten Fertigungsraten im A320-Programm sicherzustellen. Die BelugaXL basiert auf dem Airbus A330-200 Langstreckenjet und ist das bislang größte Flugzeug, das seit 1971 auf dem pan-europäischen Werksverkehr des Flugzeugherstellers zum Einsatz gelangt. Das abgesenkte Cockpit, die Frachtraumstruktur sowie das Heck und Leitwerk verleihen dem Flugzeug sein einzigartiges Aussehen, das auf den ersten Blick seiner direkten Vorgängerin in der »Wal-Familie« ähnelt – sich bei näherer Betrachtung jedoch in zahlreichen aerodynamischen Detaillösungen, vor allem bei der Heckpartie von dieser deutlich unterscheidet. Nach der endgültigen Festlegung des BelugaXL-Designs im September 2015 begann im Jahr darauf die Montage der aus ganz Europa angelieferten Komponenten des Basisflugzeugs in der regulären A330-Endmontagelinie. Die unteren Rumpfsegmente, ohne das Cockpit, Tragflächen und Fahrwerke wurden soweit vormontiert, dass das im Entstehen befindliche Spezialflugzeug zumindest für eine kurze Strecke rollfähig war. Die eigentliche Verwandlung zum BelugaXL erfolgte in einer separaten Produktionshalle auf dem Airbus-Werksgelände in Toulouse. Erstmals wurde der neue Transporter in seiner extra für ihn entworfenen BelugaXL-Lackierung am 28. Juni 2018 der Öffentlichkeit präsentiert. Am 19. Juli 2018 verkündete Airbus, dass die erste von fünf geplanten BelugaXL nach ihrem Erstflug von 4 Stunden und 11 Minuten Dauer um 14:41 Uhr Ortszeit wieder in Toulouse-Blagnac gelandet ist. Die Crew bestand aus Kommandant Christophe Cail und Kopilot Bernardo Saez-Benito Hernandez sowie dem Versuchsflugingenieur Jean Michel Pin. Mit dieser Premiere begann für die BelugaXL die auf rund 600 Flugstunden in zehn Monaten angelegte Flugerprobung mit dem Ziel der Musterzulassung und Indienststellung im Laufe des Jahres 2019. Die fünf Flugzeuge bewegen im Airbus-Transportsystem große Flugzeugkomponenten zwischen elf Standorten.

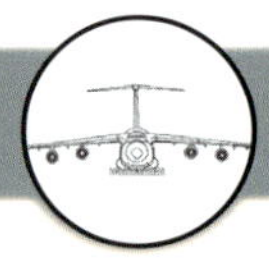

Die Sonne geht über der Dover Air Force Base, Delaware, unter, während Flieger am 12. August 2020 an der Fluglinie arbeiten. Der 436th Airlift Wing erzeugt eine globale strategische Luftbrücke mit C-5M Super Galaxy und C-17A Globemaster III Flugzeugen. (U.S. Air Force photo by Senior Airman Christopher Quail)

Anhang

Quellenangaben

Dieses Buch entstand unter Heranziehung folgender historischer und aktueller Quellen:

Internetseite der US Air Force (www.af.mil)

Internetseite des National Archive Catalog (www.catalog.archive.gov)

Globalsecurity.org (Bericht des Jahres 2010)

Internetauftritt der Lockheed Martin Corporation

Broschüre »C-5 GALAXY« des Military Airlift Command's der US Air Force

Broschüre »C5A« der Lockheed-Georgia Company

Online-Broschüre: Lockheed Martin »Innovation with Purpose« – Lockheed Martin's First 100 Years

Online-Publikation »Code One« der Lockheed Martin Corporation

Mein Besonderer Dank gilt Dr. John Provan, der die Entstehung dieses Buches durch zahlreiche Fotografien und historische Dokumente aus seinem umfangreichen Archiv unterstützte.

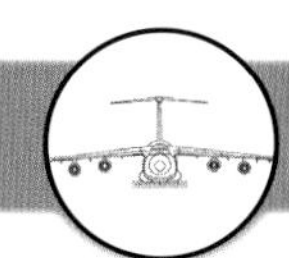

Vita Wolfgang Borgmann

Der »Aerojournalist«

Spannend und fachkundig erzählte Bücher rund um die faszinierendsten Aspekte der Fliegerei sind das Markenzeichen des Autors Wolfgang Borgmann. Seine Begeisterung für die Fliegerei wurde ihm von seinen in der Luftfahrt tätigen Eltern quasi in die Wiege gelegt. Schon in jungen Jahren begann er mit dem Aufbau einer luftfahrthistorischen Sammlung, die zahlreiche seltene Fotos und Dokumente sowie spannende Hintergrundinformationen für seine Werke liefert.

Nach einem Volontariat, gefolgt von Festanstellungen bei Fachmagazinen sowie einer Luftfahrt PR-Agentur, ist Wolfgang Borgmann seit April 2000 als Buchautor tätig. Seit Februar 2022 verstärkt er als fest angestellter Redakteur das Team des führenden deutschen Zivilluftfahrtmagazins.

Dieses ist sein bislang 25. Werk über die Geschichte der Luftfahrt. Seine Bücher werden in deutscher und englischer Sprache veröffentlicht – und weitere sind bereits in Arbeit!

www.aerojournalist.de

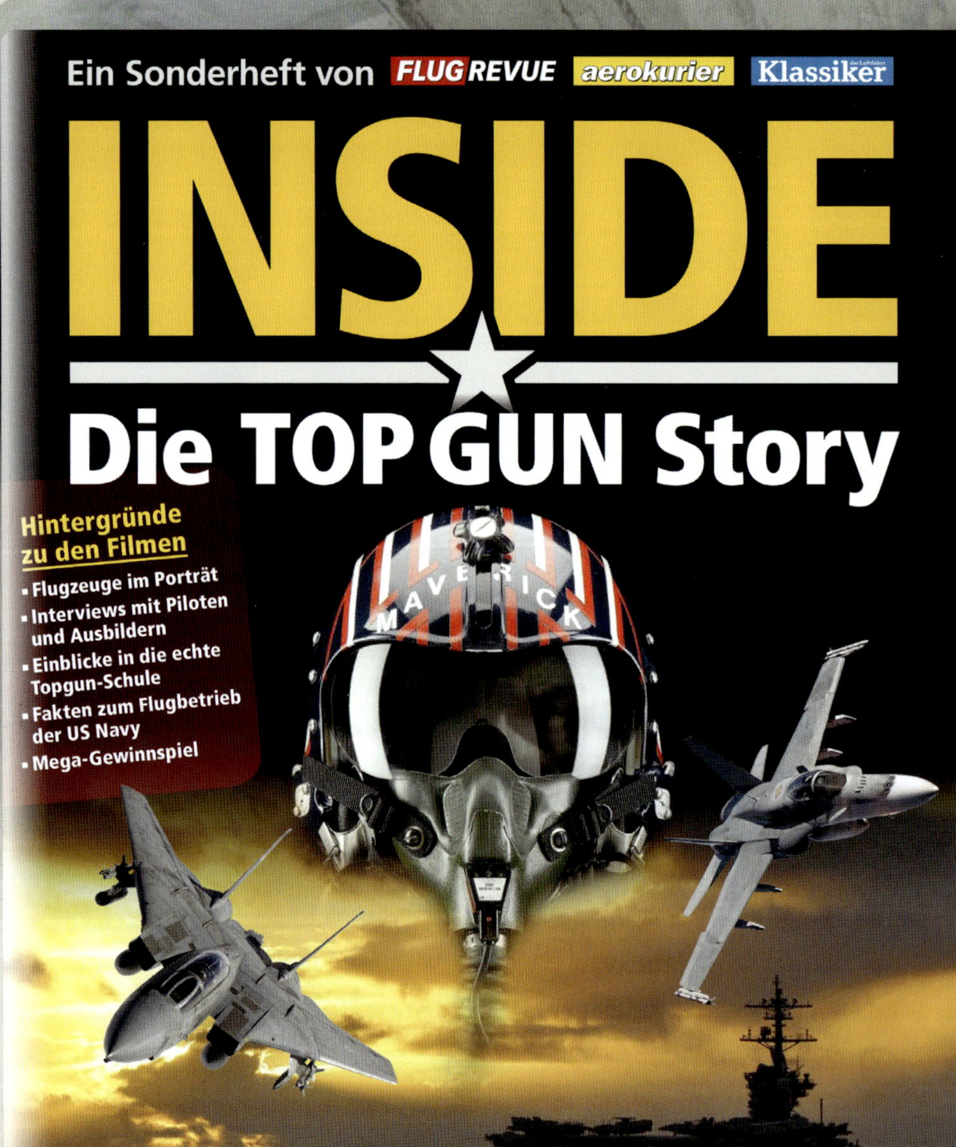

Jetzt direkt hier bestellen:

Weitere Infos unter www.flugrevue.de/topgun